JN045568

スッキリ！がってん！
リチウムイオン電池の本

関　勝男 [著]

電気書院

はじめに

　筆者は，2015年12月に電気書院から「スッキリ！がってん！二次電池の本」と題する「二次電池」の初心者向け入門書を出版する機会を頂いた．

　同書は，二次電池という技術分野の専門家ではないものの，二次電池に興味をもたれ，今後二次電池の専門書を読み解くための体系的で確実な基礎知識を身に着けたいと思っておられる読者を対象とした，二次電池の平易な解説書という位置付けであった．

　筆者は，たまたま十数年にわたり二次電池事業に関わったものの，二次電池の専門家と称するにはおこがましい浅学菲才の身であったが，それだからこそ，一般の読者に近い視点で解りやすく二次電池の全貌を読者にお伝えできるのではないか，との思いから執筆依頼をお受けした．今思うとまさに暴挙の産物であった．

　七転八倒の末に脱稿した同書が，二次電池の技術内容，役割，市場動向などを，果たして本当に読者に解りやすくお伝えできたか否かは今もって自信はない．

　ただ，発刊後，何人かの読者からご質問やご相談を頂き，その一部の方とは直接に面談させて頂く機会ももてた．その方々のご質問にお答えし，さまざまな意見交換をさせて頂く中で，拙著も多少なりと読者のお役に立てたことが実感でき，筆者にとっても多くの示唆を頂ける貴重な体験となった．

　今般，電気書院編集部から再び「スッキリ！がってん！リチウムイオン電池の本」の執筆依頼を頂いた．予期せぬご依頼で逡巡もあっ

たが，今度こそもっと中身の濃い，お役に立てる内容の冊子に仕上げたいとの思いで今回もお受けした．

　リチウムイオン電池は今年が誕生30周年の節目である．広範な用途で身近に使用され，二次電池のエースとしての確固たる市場地位はすでに確立されている．

　加えて，一昨年，吉野彰氏ら3氏に，リチウムイオン電池開発の功績によりノーベル化学賞が授与され，リチウムイオン電池の名声がますます高まった．

　ただ，カーボンニュートラル社会実現の切り札として，まさに時代の寵児ともいえるリチウムイオン電池であるが，その全貌，例えばその特性，強みと弱み，正しい使用法と留意点などについて正しく理解しておられる方はまだ少ないように感じられる．

　筆者は，リチウムイオン電池の歩みとほぼ重なる時期にこの業界に身を置いてきた．この間の自己体験の集大成として，また前著執筆時の反省を踏まえて，素晴らしいリチウムイオン電池の全貌を，具体的に解りやすく読者にお伝えできるよう最善を尽くしたい．

2021年9月　著者記す

目　次

リチウムイオン電池ってなあに

1.1　電池ってなあに

　電池は「何らかのエネルギーを使用して直流の電力を発生させるデバイス」と定義することができ，発電機（電源）の一種であるといえる．ただ，一般的なとらえかたとしては，電池は発電の機能よりも電気を蓄える蓄電の機能に主眼が置かれたデバイスである．

　電池にはさまざまな種類があるが，この何らかのエネルギーから電気への変換が化学反応（化学作用）によるものは化学電池，物理反応（物理作用）によるものは物理電池と大別される．化学電池はさらに一次電池，二次電池，燃料電池などに分類するのが一般的である．

　表1・1は，代表的な電池を便宜的に大まかに分類して示した表である．

　一次電池は，それぞれ固有の化学反応により電力を発生する使いきりの電池で，一般に乾電池と呼ばれる円筒形状のマンガン電池やアルカリ電池，長期使用に耐える特殊用途向けのニッケル一次電池やリチウム一次電池，腕時計などの超小形機器に使用されるボタン形またはコイン形の酸化銀電池や空気（亜鉛）電池などがある．

　二次電池は，使いきりではなく，多数回の充電および放電が可能な電池で，便宜的に電解質の種類によって水溶液系，非水溶液系，高温型などと分類されることが多い．

　水溶液系二次電池には自動車用バッテリーとして広く知られる鉛

表1・1　電池の種類

化学電池	一次電池		マンガン乾電池
			アルカリ（マンガン）乾電池
			ニッケル系一次電池
			リチウム一次電池
			酸化銀電池
			空気（亜鉛）電池
	二次電池	水溶液系二次電池	鉛蓄電池
			ニッケルカドミウム電池（ニカド電池，NiCd電池）
			ニッケル水素電池（NiMH電池）
		非水溶液系二次電池	リチウムイオン電池（Li-ion電池，LIB）
		高温型電池	ナトリウム硫黄電池（NAS電池）
	燃料電池		固体高分子型燃料電池（PEFC燃料電池）
			リン酸型燃料電池（PAFC燃料電池）
			溶融炭酸塩型燃料電池（MCFC燃料電池）
			固体酸化物型燃料電池（SOFC燃料電池）
物理電池	太陽電池		シリコン系太陽電池
			化合物系太陽電池
			有機系太陽電池
			量子ドット型太陽電池

〔出典〕　各種資料を参考に筆者作成

蓄電池，当初は携帯機器用二次電池として開発されたニッケルカドミウム電池（ニカド電池とも呼ばれる），このニッケルカドミウム電池に含まれるカドミウムの環境や人体への影響懸念を払拭するために

開発されたニッケル水素電池などが含まれる.

非水溶液系二次電池の代表格がリチウムイオン電池で,現時点では最も高容量の二次電池であり,携帯機器向けだけでなく電気自動車(EV)やハイブリッド自動車(HEVおよびPHEV)ならびに電車などの電動車両に電力を供給する用途,および太陽光発電や風力発電などの再生可能エネルギー発電によって生じた電力を系統電力*に接続するための電力中間貯蔵用などの新用途への採用が急速に進んでいる.

高温型電池で現在実用化されているのはナトリウム硫黄(NAS)電池である.この電池も電力貯蔵用などに適している.

＊系統電力:

　発電所で発電された電力を,電力のユーザ(工場や一般家庭など)に配送するための送配電網を総称して電力系統(または単に系統)と呼び,この系統によって運ばれる電力が系統電力である.系統電力は交流(50または60サイクル)で,その品質(電圧,波形など)には一定の要件があるため,太陽光発電などの直流電力や風力発電などの電圧および波形変動が大きい交流電力を系統電力に接続する際は,電力貯蔵設備や直交変換機(インバータ)およびこれらの制御機などの整備が必須である.

　なお,筆者の前著「スッキリ!がってん!二次電池の本」に,系統に関する初歩的な説明の記述があるので,適宜ご参照いただければ幸いである.

燃料電池は,上記の一般的な一次電池および二次電池とは異なり,水素などの負極活物質を外部から供給することで継続的に発電が行えるシステムである.現在実用化が進んでいるか,または近い将来に実用化が期待される燃料電池には,固体高分子型(PEFC),リン

1 リチウムイオン電池ってなあに

酸型（PAFC），溶融炭酸塩型（MCFC），固体酸化物型（SOFC）などの種類がある．

このうち固体高分子型燃料電池（PEFC）は燃料電池自動車（FCV）や一般家庭における自家発電・熱エネルギー供給設備（わが国の関連業界ではエネファームと呼称）などの比較的小形の燃料電池に最適なシステムとして，今後大きな伸びが期待されている．

今後電池の議論を深めてゆくためには，電池の基本的な構造と動作（発電）原理を理解していただく必要があるため，まずは最も代表的な電池といえるマンガン乾電池の構造と動作原理を紹介させていただきたい．

マンガン乾電池は，表1・1に示すとおり，化学電池に分類される一次電池である．

化学電池は，電流を取り出すための二つの電極（正極と負極），電流を生成する電池反応の主体となる活物質，電池内で電気の流れを担う電子やイオンなどの移動を容易にさせる電解質，正極と負極との直接の電気的接触を防止するため両極を物理的に分離するセパレータ，ならびにこれらの電池の構成要素を収容し，実用的な電池としての形態を保たせる容器（筐体）の5種類の要素によって構成されている．これらの要素は，それぞれ下記のような機能を備えている．

(1) 電極

電池は直流電力を生成するデバイスで，生成された電流の取出口として正極と負極の二つの電極がある．電位の高いほうが正極，電位の低いほうが負極である．一般的な化学電池では正極側で還元反応が起こり，負極側で酸化反応が起こる*．還元反応が起こる正極をカソード（Cathode）と呼び，酸化反応が起こる負極をアノード（Anode）と呼ぶ．電極は電流を集める機能を併せもつため集電体と呼ばれるこ

ともある．電極には電気伝導率が高く，活物質や電解液に対して化学的に安定な材料が使用される．

　＊電池では正極側で還元反応が起こり，負極側で酸化反応が起こる．

　ここでは，一般的な化学電池を例にとって，酸化・還元反応として紹介した．大半の一次電池および二次電池の反応はこの酸化・還元反応であるが，本書の主題であるリチウムイオン電池の動作原理はこの酸化・還元反応とは全く異なるメカニズムで充放電が行われる．リチウムイオン電池の反応のメカニズムについては2章で詳述する．

⑵　活物質

　活物質は電池反応の中心的役割を担う物質であり，電子を送り出し受け取る反応（一般的には酸化・還元反応）を行う．実際の電池においては，活物質だけでなく活物質の凝集を防ぎ分散させるための分散剤，電解液と良好に接触させる濡れ性を維持するためのレベリング剤，導電性を向上させる導電助剤やバインダーと呼ばれる結着材が混合されて粘性流体（スラリー）となったペースト状のものが用いられる．出力される電圧は二つの電極電位の差に依存するため，正極側の活物質はできるかぎり電位が高く，負極側の活物質はできるかぎり電位が低い物質であることが望ましい．単純な構造の電池の中には電極が活物質を兼ねているものがある．

⑶　電解質

　電解質はイオン導電性が高いものが求められ，電解質が電気分解されない電位の範囲（電位窓）も広いほうがよい．活物質などに対して化学的に安定であることも求められ，生物に対する毒性や発火性もないことが望ましい．電池の電解質は電解液と呼ばれる液体状の

ものが多いが，固体状の固体電解質もある．

⑷　セパレータ

　セパレータは隔膜とも呼ばれ，正極と負極とを電気的に分離する機能を担っている．セパレータは熱や応力に対する耐久力と同時に，電池内のほかの物質に対して化学的にも安定であることが求められ，他方電解液中のイオンなどの電気担体の移動を妨げない多孔質で薄い膜状のものが使用される．

⑸　容器（筐体）

　容器（筐体）は電池の外形を形成し，電極，活物質，電解液，セパレータといった電池の基本構成要素をその内部に収めて閉じ込める役割を担う．容器には力学的に丈夫で，内包する化学物質に対する耐薬品性を備えた素材が使用される．

　上記の要素全般に，安価で軽量，加工性と生産性に優れ，環境汚染を起こさないリサイクルに向いた材料を使用することが望ましい．

　図1・1はマンガン乾電池の断面略図である．

　マンガン乾電池は，容器の機能を兼ねる亜鉛缶を負極とし，この内部に正極と負極とを分離するセパレータを備え，さらにその内部に正極活物質の二酸化マンガン（MnO_2）および電解質（マンガン電池の場合は塩化亜鉛（$ZnCl_2$））などの合剤を充てんし，中心部に集電体となる正極棒（炭素棒）を挿入した構造である．このような電池の基本要素に加えて，電池内部への異物混入を防ぐための封止構造，負極缶と外部とを絶縁するとともに電池の外観を整えるための外装缶などの付帯的な構成要素を備えている．

　マンガン電池の反応式は次式で示される．

$$8MnO_2 + 8H_2O + ZnCl_2 + 4Zn$$
$$\rightarrow \quad 8MnOOH + ZnCl_2 \cdot 4Zn(OH)_2$$

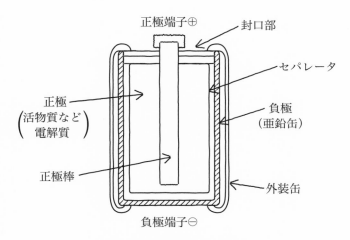

正極端子⊕　　　　封口部

セパレータ

正極
(活物質など
電解質)

負極
(亜鉛缶)

正極棒

外装缶

負極端子⊖

〔出典〕 各種資料を参考に筆者作成

図1・1　マンガン乾電池の断面略図

　正極側では水（H_2O）と電解質の塩化亜鉛（$ZnCl_2$）中の塩素イオン（Cl^-）との働きで活物質の二酸化マンガン（MnO_2）が還元されて水酸化マンガン（$MnOOH$）となる．他方負極側では水（H_2O）の分解で発生した酸素イオン（O^{2+}）により負極活物質（兼容器）の亜鉛（Zn）の酸化反応が起こり，電解質（$ZnCl_2$）との複合生成物 $ZnCl_2 \cdot 4Zn(OH)_2$ が生じる．このような正極における還元反応，負極における酸化反応の結果，電池内で正極から負極に向けて塩素イオン（Cl^-）が移動し，電池の外では電池に接続された負荷を通して電流が流れることになる．

　以上，代表的な例として，マンガン電池の電池反応について説明したが，これ以外の電池の反応は，使用される活物質や電解質によりそれぞれ独自の電池反応となる．

　マンガン乾電池の電池反応の結果発生した$MnOOH$や$ZnCl_2$・
$4Zn(OH)_2$などの生成物は老廃物として電池内に堆積し，活物質の
消耗が進む．この結果一次電池の発電力は放電が進むにつれて次第に
低下し，最終的には発電（放電）を停止する．このため，一次電池は，
一般的には使いきりの不可逆電池である．

1.2　一次電池と二次電池ってなあに

　前項で述べたとおり，二次電池も化学電池の一種である．

　化学電池は「何らかの化学作用によって直流の電力を発生するデ
バイス」であり，前項でマンガン電池の電池反応について例示した
ように，一次電池はそれぞれ固有の化学反応によって電力を発生す
る．このため一次電池の電池反応は通常不可逆的である．

　ところが，二次電池の場合はいささか様相が異なり，二次電池の
電池反応には不可逆性はない．すなわち，繰り返し充電および放電
ができる可逆性の電池である．このため，二次電池の場合は，リチ
ウムイオン電池などの特殊なものを除き，放電時には一次電池と同
様に正極で還元反応が，負極で酸化反応が起こるが，充電時にはこ
れとは全く逆に負極で還元反応が，正極で酸化反応が起こることが
大きな特徴である．

　一次電池は，“一次”という呼称を付けて呼ばれることは極めてま
れで，単に電池と呼ばれる場合が一般的である．英語ではPrimary
Battery（一次電池はこの語の直訳）である．

　一次電池の代表例は，乾電池と呼ばれる円筒形電池で，身近なさ
まざまな家電製品に使われている．このほかに小形電子機器向けに
ボタン電池，コイン電池と呼ばれる円盤形状の電池が市販されてい
る．一次電池は通常大量生産され，その生産性の良さと，形状の安

定性などの理由から，そのほとんどが円形であり，その呼称も標準化されている．

　表1・2に一次電池の代表的な形状，呼称，寸法および用途をまとめた．

　なお，表中の"R"は円形を表す記号，"L"および"C"はいずれも使用されている材料系を表す記号で，"L"はリチウム系材料，"C"はアルカリ系材料である．

　ボタン電池およびコイン電池の材料系を示す記号および寸法は，例示したもの以外にもさまざまなものがある．

　二次電池は，蓄電池または充電式電池（充電池）などとも呼ばれ，またバッテリーという呼称も一般的に使用されている．英語では，Secondary Battery（二次電池はこの語の直訳），Secondary Cell（Cell（セル）は単電池を意味する），またはRechargeable Battery（再充電可能電池）などと呼ばれている．

　二次電池の形状は，電池の種類および使われる用途に応じて，円

表1・2　一次電池の代表的な形状，呼称，寸法および用途

(寸法単位：mm)

形状		呼称		寸法		主な用途
		IEC	日本	高さ	直径	
円形	円筒形	R20	単1	61.5	34.2	各種小形電気・電子機器
		R14	単2	50.0	26.2	
		R06	単3	50.5	14.5	
		R03	単4	44.5	10.5	
	ボタン形	LR44		5.4	11.6	置時計など
	コイン形	CR1216		1.6	12.5	腕時計など

〔出典〕　各種資料を参考に筆者作成

筒形，角形，扁平形などのさまざまな形状，寸法の製品がある．この中には，自動車の始動および搭載計器などへの給電用の鉛蓄電池，ノートPCなどに多用される円筒形リチウムイオン電池，乾電池の代替として使用される円筒形二次電池（ニッケルカドミウム電池やニッケル水素電池）などのように標準化された量産製品もあるが，大半の二次電池は個別機器向けに設計製造されるカスタム製品である．

　量産されている円筒形リチウムイオン電池の呼称例としては"NCR18650"などがある．この記号"NCR"はメーカ各社が独自に命名した呼称（ちなみに，NCRはパナソニックの製品），数字は順に，直径（18 mmφ）および長さ（65 mm）を表す．

　この18650サイズが，ノートPC向けリチウムイオン電池のデファクトスタンダードサイズである．このほかに14500，26650などのサイズのリチウムイオン電池が量産されている．

　自動車搭載用や大電力貯蔵用の大形大容量リチウムイオン電池は，円筒形または角形のカスタム設計品が大半である．

1.3　二次電池の種類と特徴

　二次電池は放電（発電）のみではなく充電も行える可逆的な反応が可能な電池である．二次電池の放電（発電）反応は基本的には一次電池の放電（発電）反応と全く同様の反応である．

　それでは，充電とは何であろうか．これは放電（発電）とは全く逆の反応で，電池に外部の電源から直流電圧を印加（または直流電流を注入）して，一般的な化学電池の場合は，正極において酸化反応を起こさせ，負極において還元反応を起こさせることによって電池内部の活物質などの性状を放電（発電）前の初期状態に戻すことを意味する．

　この放電（発電）と充電の関係は，酸素と水素とを反応させると，水とエネルギー（このエネルギーを電気として取り出すデバイスが燃料電池である）を生成し，逆に水中に二つの電極を設けてこの電極間に外部から直流電圧を印加することによって正極（＋）側から酸素を，負極（－）側から水素を取り出す，よく知られた水の電気分解反応と類似している．

　図1・2は，外部から直流の電圧を印加（充電に相当）して水を電気分解する反応と，電気分解によって精製させた水素と酸素を反応させて電気を取り出す発電（放電）反応（燃料電池としての反応）との関係を示す模式図である．

　容器内に導電性を高めた（例えば苛性ソーダ（KOH）を添加した）水を蓄え，この水溶液中に二つの炭素電極を設け，この両電極をそれぞれ独立に，上部が密封され水中に没した部分は開放された容器で覆い，それぞれの電極を外部直流電源の正極（＋）と負極（－）に接続すると，水が電気分解されて，正極側容器内に酸素（O_2），負極側容器内に水素（H_2）が蓄えられる．この反応式は，

$$H_2O \quad + \quad 電気エネルギー \quad \rightarrow \quad H_2 \quad + \quad 1/2O_2$$

で示される．

　次に，外部直流電源を切り離し，両電極を負荷（例えばランプなど）に接続すると，正極と負極との間の電位差により電気が生成される（燃料電池反応）．この反応式は，

$$H_2 \quad + \quad 1/2O_2 \quad \rightarrow \quad H_2O \quad + \quad 電気エネルギー$$

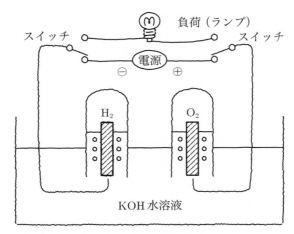

導電性を高めた水溶液中に2本の電極を設け，この両電極に
外部から直流電圧を印加すると水の電気分解が行われて，正
極側に酸素が，負極側に水素が発生する．次に酸素と水素と
をそれぞれの電極周囲に蓄えた状態で，外部直流電源を外し，
両電極間に負荷（例えばランプ）を接続すると，両電極間の電
位差により負荷に電流が流れ（燃料電池反応），ランプが点灯
する．

〔出典〕　各種資料を参考に筆者作成

図1・2　水の電気分解と水素と酸素の発電反応（燃料電池反応）との関係図

である．

　二次電池の場合も上記と類似した電気化学反応によって，放電（発
電）および充電が行われる．代表的な二次電池である鉛蓄電池を例に
とってその電気化学反応を説明する．

　鉛蓄電池は，正極に二酸化亜鉛（PbO_2），負極には亜鉛（Pb），電
解液（電解質を含む溶液）には通常硫酸水溶液（H_2SO_4水溶液）が使用さ
れ，その放電反応は次式で表される．電解質は正極および負極にお

ける局部反応には関与するものの，電池全体としてみると，それぞれの極における反応はキャンセルアウトされるため，電池全体の反応式中には含まれない．

正極：$PbO_2 + 3H^+ + HSO_4^- + 2e^- \rightarrow PbSO_4 + 2H_2O$
負極：$Pb + SO4^{2-} \rightarrow PbSO_4 + 2e^-$
電池全体：$PbO_2 + Pb + 2H_2SO_4 \rightarrow 2PbSO_4 + 2H_2O$

　充電時の電気化学反応は上記の逆反応である．

　前にも述べたとおり，リチウムイオン電池の反応は酸化・還元反応とは異なるが，その詳細説明は2章で行う．

(1)　主要な二次電池の特性

　表1・3に主要な二次電池の代表的な特性を示す．本表では主要な二次電池として，鉛蓄電池，ニッケルカドミウム（NiCd）電池，ニッケル水素（NiMH）電池，リチウムイオン（Li-ion）電池，およびナトリウム硫黄（NAS）電池の5種類について比較した．

　表中に使用されている用語は，それぞれ次のような意味を表すものである．

(a)　公称電圧（V）

　電池を通常の状態で使用する際に，使用上の目安として電池メーカが規定する正極と負極間の電圧（電位差）．電池をその最大容量まで充電（満充電と呼ぶ）する際の正極と負極間の電圧は通常この公称電圧より高く，放電が進むと正極と負極間の電圧は公称電圧より低くなる．公称電圧の代わりに定格電圧（各電池メーカが標準的な電圧として規定する電圧値）を使用する場合もある．

　図1・3は，二次電池の充放電特性と公称電圧などとの関係を示す

表1・3　主要二次電池の代表的特性

電池の種類	鉛蓄電池	ニッケルカドミウム	ニッケル水素	リチウムイオン	NAS電池
公称電圧 (V)	2.0	1.2	1.2	3.6	2.08
重量エネルギー密度 (W·h/kg)	35	30～40	60～70	150～260	110
体積エネルギー密度 (W·h/L)	90	90～110	150～350	200～670	170
パワー密度 (W/kg)	30～50	1 000～10 000	1 000～10 000	500～5 000	10～100
充電効率 (%)	80	85	85	95	89
動作温度 (℃)	5～50	–20～60	–20～60	–20～60	280～360
電解質	硫酸水溶液	水酸化カリウム水溶液	水酸化カリウム水溶液	リチウム塩有機電解質	βアルミナ固体電解質
自己放電	△	○	○	○	◎
寿命	△	○	○	○	◎

〔出典〕　各種資料を参考に筆者作成

概略図である.

(b)　重量エネルギー密度（W·h/kg）

　電池が蓄えることのできる電気エネルギー量（容量）を電池の重量で除した値で，W·h/kgなどの単位で表される.数字が大きいほうが，高容量を蓄えられることを意味する.

(c)　体積エネルギー密度（W·h/L）

　重量エネルギー密度と同様に，電池が蓄えることができる電気エネルギー量（容量）を電池の体積で除した値で，W·h/Lなどの単位で表される.数字が大きいほうが高容量を蓄えられることを意味する.

(d)　パワー（出力）密度（W/kg）または（W/L）

　電池が放出することができる出力（パワー：W）を電池の重量または体積で除した値で，それぞれW/kgまたはW/Lなどの単位で表される.電池が瞬時に最大どれだけの出力を発揮できるかを表す指

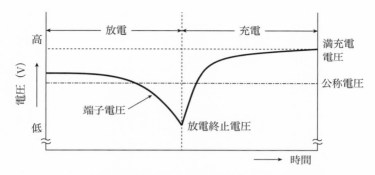

満充電の状態から放電を開始すると端子電圧は当初は比較的
平たんな漸減曲線を描いて低下するが，放電が進むと低下の
速度が速まる．公称電圧（定格電圧）はこの比較的平たんな放
電状態の端子電圧を規定することが多い．放電が進み，電池
系の特性に応じて定められた放電終止電圧（これ以上放電を
継続させてはならない電圧値）で放電を停止させる．次に充電
に移り，端子電圧が公称電圧値を超え，電池系によって定め
られた満充電電圧（これ以上充電を行ってはならない電圧値）
で充電を停止する．充放電特性曲線は電池系ごとに，また活
物質の違いに応じて，それぞれ異なる曲線，異なる特性電圧
を示す．

〔出典〕 各種資料を参考に筆者作成

図1・3　二次電池の充放電特性と公称電圧（定格電圧）との関係

標で，数値が大きいほうが優れた電池であると考えられる．

(e) 充電効率（％）

　電池に実際に蓄えられた電力量を，充電器などから電池に注入し
た電力量で除した値で，100％に近いほうが損失の少ない優れた電
池であると考えられる．

(f) 自己放電（％/年）

　二次電池を動作させていない，保存または放置の状態で，蓄えられ

ている電力量が時間の経過とともに減少する程度を示す値である．自然放電と呼ぶこともある．自己放電量は時間の関数であるため，％/日，％/月，％/年などの単位で表される．自己放電の値は極力小さいことが望ましい．

(g) 寿命（サイクル寿命）

　二次電池は充放電のサイクルを繰り返す間に徐々に劣化が進み，ある時点で期待される実用的な性能を満足することができなくなる．寿命の定義は必ずしも厳密ではないが，一般的には，電池に蓄えられる容量が定格容量（または初期容量）の例えば70％以下になるまでに繰り返すことができる充放電サイクルの回数（例えば1 000サイクル以上など）を寿命として規定している場合が多い．サイクル寿命は長いことが望ましい．

　公称電圧はニッケルカドミウム電池とニッケル水素電池がともに1.2 V，鉛蓄電池とNAS電池がほぼ2 V，リチウムイオン電池が一般的には約3.6 Vで，それぞれの電池の電気化学反応に特有の値となっている．また，同じタイプの電池であっても選択する正極，負極材料によって公称電圧が異なる場合がある（例えばリチウムイオン電池には活物質の違いにより公称電圧約2.3 Vなどの電池もある）．このような電池系特有の公称電圧を承知したうえで，どの電池を使うのが最も好ましいかを機器設計上で考慮するのが一般的である．

　電池選択上最も重要な指標と考えられているのは，エネルギー密度とパワー密度であろう．エネルギー密度はさらに重量エネルギー密度と体積エネルギー密度に分けて考えるのが一般的で，それぞれ単位重量および単位体積当たりどれだけの電力を蓄えられるかを示す指標であり，電気自動車（EV）などにおいて，搭載電池容量と航続距離とを決定するうえで重要である．表1・3に示すように重量エ

ネルギー密度，体積エネルギー密度ともにリチウムイオン電池が他を大きく引き離しており，ニッケル水素電池がこれに次ぐ．NAS電池はもともと大形システム向けの定置型電池として位置付けられるため，このような用途においては，エネルギー密度は必ずしも重要な指標とはいえない．

　一方パワー（出力）密度は，単位重量（または単位体積）当たりどれだけのパワーを出せるか，言い換えればどれだけの大電流を流せるかの指標であり，ハイブリッド自動車（HEV）向けなどのように比較的小さな電池容量で自動車を駆動するだけの大電流を比較的短時間放電するといったタイプの用途に対して重要な指標である．表1・3に示すように，パワー密度はニッケル水素電池およびニッケルカドミウム電池が格段に優れているため初期のHEVに多用された．しかし，近年リチウムイオン電池のパワー密度の改善が進み，HEV分野でも大半の車種がリチウムイオン電池を採用するようになった．

　上記以外の諸特性については，特に自己放電や寿命が着目点であるが，これらのメーカ発表データは，それぞれのメーカ独自の規格および測定方法による場合が多いため，数値データとしての比較が困難である．したがってここでは，イメージ的に最も優れていると考えられる電池に◎，実用性能を備えている電池に○，若干難があると考えられる電池に△を付すにとどめた．

　充電効率はリチウムイオン電池が最も優れた値である．

　そのほか，鉛蓄電池は電解質である硫酸水溶液中の水が蒸発などにより経時的に減少するため，補水装置の設置または定期的なメンテナンスを要すること，NAS電池は300℃前後の高温での運転のため加熱ヒータが必要であることなどは使用に際しての若干の難点といえるであろう．

　いずれにしてもそれぞれの電池の特性には一長一短があり，使用目的に応じて電池の選定が行われている．こうした中で，近年二次電池の用途が車両などの動力用および大電力貯蔵用などの大形，大容量分野に急速に拡大していることを反映して，二次電池選択のプライオリティーが，従来の容量重視の選択から，コスト，安全性，寿命などを重視する傾向が顕著になってきている．

⑵　主要な二次電池の価格

　図1・4は電気自動車（EV）用や電力貯蔵用として，今後大幅な市場拡大が期待される主要な大容量電池の価格推移（実績）および今後の予測のグラフである．グラフ中でEVターゲットとして示した線は，経済産業省が2013年に，EV普及促進のための価格ターゲットとして設定した値を示している．

　グラフで明らかなように，2010年以前の二次電池価格はかなり高価であったが，その後量産効果などによるコストダウンが進み，現

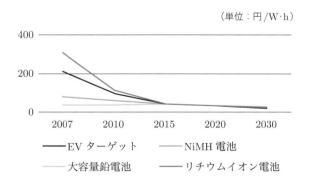

〔出典〕　各種資料を参考に筆者作成

図1・4　主要な大容量二次電池の価格推移（実績）と予測

時点ではほぼEV用の価格ターゲットのライン上に乗りつつある．今後の推移は必ずしも楽観はできないものの，EVや電力貯蔵システムの市場が期待どおり拡大すれば，ターゲット価格の達成も夢ではない．なお，鉛蓄電池については今後の対象市場の拡大がさして期待できないため，そのコストダウンポテンシャルは小さいものと推定される．

⑶ 二次電池の市場規模

　二次電池の市場規模に関する統計的なデータは残念ながら存在しない．

　複数の市場調査会社のそれぞれ独自の市場予測などを参考に，筆者が大胆に予測した2020年の世界の市場規模は，二次電池全体で約6.7兆円．このうち小形リチウムイオン電池は約1.7兆円，大形リチウムイオン電池は約3兆円（EVなど動力用約2.6兆円，電力貯蔵用約0.4兆円），鉛蓄電池は約1.4兆円，ニッケル水素電池は大形と小形を合わせて約5千億円，NAS電池などその他の二次電池が約1千億円程度と推定している．このうち，今後も年率2桁台の成長が予測されるのは大形リチウムイオン電池とその他二次電池のうちNAS電池などの大形二次電池で，これら以外の二次電池は今後大きな成長は難しく，例えば鉛蓄電池などは減少傾向を示すものと推定している．

⑷ 主要な二次電池の強みと弱み（まとめ）

　第1章のまとめとして，ここでリチウムイオン電池と競合する主要な二次電池の充放電反応式，それぞれの強みと弱みおよびその主要用途をおさらいしておきたい．

(a) 鉛蓄電池

　重複するが，鉛蓄電池の電池反応をここに再掲する．

　鉛蓄電池は，一般的には多孔性の二酸化鉛を正極活物質に，海綿

状鉛を負極活物質に使用し，電解液は濃度30％程度の希硫酸を使用する．正極および負極ともに集電体には格子状の鉛合金板を使用し（この格子上にペースト状の活物質層を充てん塗布し，これを加熱して固着させる），正極と負極間は合成樹脂製の多孔性セパレータで分離する構造となっている．鉛蓄電池の放電時の反応式は次のとおりである（充電時はこの逆反応となる）．

$$正極：PbO_2 \ + \ 3H^+ + HSO_4^- + 2e^- \ \rightarrow \ PbSO_4 \ + 2H_2O$$
$$負極：Pb \ + \ SO4^{2-} \ \rightarrow \ PbSO_4 \ + \ 2e^-$$
$$電池全体：PbO_2 \ + \ Pb \ + \ 2H_2SO_4 \ \rightarrow \ 2PbSO_4 \ + 2H_2O$$

鉛蓄電池には次のような特徴がある．

① パワー密度が比較的高い：起電力が約2Vとニッケルカドミウム電池やニッケル水素電池（いずれも約1.2V）よりも高いことおよび電解液である希硫酸の電気抵抗がニッケル水素電池と比較して約半分，リチウムイオン電池と比較して約1/100と小さいことから，比較的高いパワー密度（180W/kg）を有する．

② コストが安い：鉛などの原材料のコストが安いことに加え，製造工程がほかの二次電池と比較して単純で合理化が進んでいる．

③ 原材料が安価で豊富：主原料である鉛の埋蔵量が豊富であり，かつ鉛はほかの工業用途での使用量が限られているため，低コストかつ長期安定供給が期待できる．

④ リサイクル体制が整備されている：欧米や日本などの先進国においては，主用途である自動車向けを中心に，リサイクルシステムが完備されており，かつかなりよく機能している．

⑤ 安全性が高い：水溶液系の電解液を使用しており，可燃部品の

使用も少ないことから，爆発・発火などの危険性が少ない．ただし電解液として希硫酸を使用しているため人体への電解液接触を避けるなどの使用上の注意が必要である．

⑥ エネルギー密度が低い：リチウムイオン電池やニッケル水素電池と比較すると本質的にエネルギー密度が低い（35 W·h/kg，70 W·h/L程度）ため，携帯用やEV，HEV用などのような電池の軽さ，小ささが重視される用途には適さない．

⑦ 温度や放電率によって放電容量が大きく左右される：硫酸が充放電反応に直接関与することから，その挙動が温度や放電率の差などの影響を受けやすく，特に低温および大放電率の場合などに放電容量が大きく低下する．

⑧ 定期的なメンテナンスが必要である：充電時に水が電気分解されることおよび経時的な水の蒸発などにより電解液量は次第に減少する．液面が下がり電極と電解液との接触面積が減少すると起電力が低下するため，電解液のレベルが下限に達した場合は補水などのメンテナンス作業が必要となる．

⑨ 寿命は相対的に短い：鉛蓄電池を過放電の状態にすると負極板表面に硫酸鉛の硬い結晶が発生し（サルフェーションと呼ばれる），負極の表面積が減少して起電力が低下する．また，正極板の二酸化鉛はサイクルの経過とともに徐々に脱落し，反応効率が低下する．これらの劣化要因により，サイクル寿命は500回程度と，ほかの二次電池と比較して相対的に短い．また，自己放電は数％/月〜数十％/月のかなり大きな値を示す．

鉛蓄電池は，自動車の始動や各種車載機器の給電用バッテリーとして広く使用されているほかに，無停電電源（UPS），フォークリフトやゴルフカートなどの電動車両用動力電源などに使用されている．

(b) ニッケルカドミウム電池

　ニッケルカドミウム電池は，正極にニッケル化合物，負極にカドミウム化合物，電解液は水酸化カリウムなどのアルカリ水溶液を用いた二次電池で，公称電圧は1.2 Vである．充電時の正極および負極の反応式ならびに電池全体としての反応式は次式で示される（放電反応はこの逆反応）．

$$正極：NiOOH + H_2O + e^- \rightarrow Ni(OH)_2 + OH^-$$
$$負極：Cd + 2OH^- \rightarrow Cd(OH)_2 + 2e^-$$
$$電池全体：2NiOOH + Cd + 2H_2O \rightarrow 2Ni(OH)_2 + Cd(OH)_2$$

　ニッケルカドミウム電池には次のような特徴がある．

① 　内部抵抗が小さく急速充電や大電流の放電が可能である．

② 　電圧がほぼゼロに近い過放電の状態にしても，所定の回復充電を行うことによって容量が回復するため，乱暴な扱いに耐えるタフな電池である．

③ 　低温環境における電圧降下が比較的少ないため，−20 °C程度の低温環境でも使用が可能である．

④ 　定格電圧が1.2 Vであるため，多くの機器で乾電池（定格電圧1.5 V）と置き換えて使用することができる．

⑤ 　自己放電は鉛蓄電池に比較すると少ないがリチウムイオン電池と比較すると劣る．

⑥ 　メモリー効果（ニッケルカドミウム電池を十分放電しきらずに継ぎ足し充電（トリクル充電とも呼ぶ）を繰り返すと，放電時に一時的な電圧降下を起こす現象．見かけ上容量が減少したものとみなされやすい）により，蓄電容量が十分に活用できないことがある．

⑦ 有害物質であるカドミウムを含有しているため，廃棄時に環境汚染の懸念がある．

　ニッケルカドミウム電池は，極めて優れた充放電特性を備えたタフな電池であり，寿命も比較的長いことから，主に電動工具などの電動機器や，警報機や非常灯などの防災機器，ラジコンなどの玩具用として使用されてきた．

　しかし，1980年代後半以降，有害物質であるカドミウムを含有することが問題視され，加えてニッケル水素電池やリチウムイオン電池などの優れた，ほぼ無害な二次電池が急速に市場に出回り始めたことから，現在は極めて限られた分野でのみ採用されている．

(c) ニッケル水素電池

　ニッケル水素電池は正極に水酸化ニッケル，負極に水素吸蔵合金*（水素を可逆的に吸蔵，放出する性質を備えた合金で，一般的にMHと表記される．本項末尾の*も参照されたい），電解液に水酸化カリウム水溶液を使用する二次電池である．公称電圧はニッケルカドミウム電池と同じ1.2 Vである．

　ニッケル水素電池は，前項で述べたニッケルカドミウム電池が有害物質のカドミウムを負極に使用している問題が顕在化してから，ニッケルカドミウム電池メーカがカドミウムを用いない電池の開発を進めた結果，1990年から市場に出回るようになった．

　ニッケル水素電池の充電時の正極および負極の反応式ならびに電池全体としての反応式は次式で示される（放電はこの逆反応）．

正極：$NiOOH + H_2O + e^- \rightarrow Ni(OH)_2 + OH^-$

負極：$MH_x + OH^- \rightarrow MH_{x-1} + H_2O + e^-$

電池全体：$NiOOH + MH_x \rightarrow Ni(OH)_2 + NH_{x-1}$

　　ニッケル水素電池の特徴としては，次のようなものがあげられる．

① 　内部抵抗がニッケルカドミウム電池より低いため，急速充電，大電流放電用途により適している．

② 　エネルギー密度はリチウムイオン電池に次いで高い値を有する．

③ 　定格電圧がニッケルカドミウム電池と同じ $1.2\,V$ であるためニッケルカドミウム電池と同様に多くの電気機器で乾電池と置き換えて使用することができる．乾電池やニッケルカドミウム電池よりも内部抵抗が低いことおよび充電により繰り返し使用が可能であることから，多くの用途でこれらほかの電池より高い性能を発揮し，かつランニングコストを下げる効果がある．

④ 　カドミウムを含まないため環境負荷が低く人体への悪影響はほとんどない．

⑤ 　ニッケルカドミウム電池と比較して自己放電が少なく，長期保存に耐える．

⑥ 　ニッケルカドミウム電池と比較すると過放電による電池の劣化耐性が劣る．

⑦ 　ニッケルカドミウム電池と同様にメモリー効果の影響を受け，見かけ上の容量低下を起こすことがある．

⑧ 　加熱時や過放電時に引火性の水素ガスを発生するため，完全に密閉された場所での使用が禁止されている．

⑨ 　負極に使用される水素吸蔵合金はレアメタルの一種であり，かつその産地が中国一国にほぼ限定されているため，資源入手難や高価格などの懸念がぬぐえない．

　　円筒形の小形ニッケル水素電池の用途は，現在はラジコンなどの電動玩具，電動歯ブラシやコードレス掃除機などの電動家電商品，

屋内用の固定電話の子機などの，大電流放電特性が必要で，軽薄短小であることを必ずしも必要としない用途に限られている．1990年の発売当初は，ニッケルカドミウム電池と比較して5割近く容量が高いことや，環境に優しい点などが評価されて，当時急成長時期を迎えていたノートPCや携帯電話，次いで携帯音楽プレーヤやディジタルカメラなどに採用が進んだが，ニッケル水素電池に1年遅れて市場に登場したリチウムイオン電池との軽薄短小化競争に敗れ，現在こうした小形携帯機器分野はリチウムイオン電池の独壇場となっている．

　他方角形ニッケル水素電池は，急速充電・大電流放電特性および安全性の高さなどが評価されて，ハイブリッド自動車（HEV）市場を先導するトヨタおよびホンダの両社が，電動モータの電力供給用に角形ニッケル水素電池を採用したことから，ほかのHEVメーカもこれに追随し，2003年以降ニッケル水素電池の出荷額は再度成長軌道に乗った．さらに大形の角形ニッケル水素電池はバスや電車などの大形電動車両および重機などの産業機械の電力供給用電池としても採用されている．これに加えて，大形ニッケル水素電池システムの用途拡大は続き，電力系統の電力品質維持向上のための中継蓄電システム，地下鉄やモノレールなどのシステムの省電力化を進めるための大形蓄電・給電システム，太陽光発電や風力発電などの出力変動が激しい再生可能エネルギー発電システムの出力調整，電力品質向上のための蓄電システム，ビルの省エネ化を推進するための蓄電システムなど，多様な分野での大形ニッケル水素電池活用が進められている．

　このように，大形ニッケル水素電池市場は再び活況を呈しているものの，その前途は必ずしも楽観できない．

1 リチウムイオン電池ってなあに

　その理由は，第一にライバルのリチウムイオン電池の性能改善，コストダウン推進が目覚しい勢いで進んでおり，大電流，大出力を必要とする分野にもリチウムイオン電池が次々に採用され始めていることである．ニッケル水素電池の独壇場であったHEVについても，最新モデルにはリチウムイオン電池を採用するケースが増えている．また，そのほかの産業用の諸分野においても，リチウムイオン電池を用いた大形蓄電システムとニッケル水素電池を採用した大形蓄電システムとの開発競争，受注獲得競争が熾烈になりつつある．

　第二の理由は，特に定置用大形蓄電システムの分野には，大形分野が得意な強力なライバルが存在することである．この分野にすでに多くの実績をもつナトリウム硫黄（NAS）電池である．NAS電池は常時高温運転を行わなければならない電池であるが，逆にそのために運用コストが相対的に安くなるという利点があり，大形蓄電システム分野ではニッケル水素電池，リチウムイオン電池およびNAS電池が三つ巴で競争しているというのが現状である．さらに近い将来には，レドックスフロー電池もこの分野への参入がほぼ確実な状況にあり，一層の競争激化が予想される．

　＊水素吸蔵合金：
　　水素を取り込むことができる合金が水素吸蔵合金（水素貯蔵合金と呼ぶこともある）である．
　　水素を吸蔵する原理は，固溶現象と化学的な結合の2種類に大別される．
　　固溶現象とは，固体結晶中にほかの元素が結晶を構成する原子の間に入り込むか，または結晶を構成する原子と置換する形で安定な位置を占めることを指す．水素吸蔵合金が水素の吸蔵と放出とを行うことができるためには，結晶構造中に水素が入り

込める空隙が多数存在しその位置に水素が安定的に存在できることおよびその位置から水素が離脱できる手段があることが必要である.

化学的結合とは,合金中の元素と水素とが化合物を形成し,その化合物が安定的に存在することを意味する.この場合にも,何らかの手段によって元素と水素の結合が切られ(化合物が分解し)水素が放出されるメカニズムが存在しなければならない.

現在一般的に活用されている水素吸蔵合金には次のようなものがある.

① AB2型

チタン,マンガン,ジルコニウム,ニッケルなどの遷移金属の合金で,ラーベス相と呼ばれる六方晶の構造を有する.水素密度が高く容量向上が期待できるが,容量を高めるほど活性化が困難になる.

② AB5型

希土類元素(ランタン,レニウムなど),ニオブ,ジルコニウムなどと,触媒効果を有する遷移金属(ニッケル,コバルト,アルミニウムなど)を1:5の比率で合金化したもの.代表例としては$LaNi_5$や$ReNi_5$などがある.高容量が得られるが,希少で高価なレアメタルを使用することが難点である.近年,中国南部の鉱床で産出されるミッシュメタル(自然の状態で形成された合金.Mmと表記される)を未精製の状態で利用することでコストダウンを図る技術が確立されたが,このようなミッシュメタルを産出できるのは世界的にも前記中国の鉱床のみであるため,資源調達上の懸念は残る.

上記以外に,チタン鉄(Ti-Fe)系,バナジウム(V)系,マグネシウム(Mg)合金,パラジウム(Pd)系,カルシウム(Ca)系合金などの水素吸蔵合金の開発が進められている.

　水素吸蔵合金の用途としては，ニッケル水素電池の負極に使用する用途が最も多い．特に近年ハイブリッド自動車（HEV）の電力供給用電池としてニッケル水素電池が多用され始めてから，水素吸蔵合金の需要が急激に高まった．今後新たな需要が喚起される可能性があるのは，燃料電池自動車（FCV）の水素燃料タンクの用途であろう．ただ前述のとおり水素吸蔵合金が高価なことと，水素を吸蔵する容積に課題があり，この用途での普及が進むかどうかは見通せない．

(d)　ナトリウム硫黄（NAS）電池

　ナトリウム硫黄（NAS）電池は，負極活物質として金属ナトリウム（Na），正極活物質として硫黄（S）粉末を用い，これを300 ℃以上まで加熱して，金属ナトリウムおよび硫黄を溶融状態に保つことにより，ナトリウムイオンの移動が可能な状態にして充放電反応を行わせる高温型の電池である．正極と負極との間はセラミックス材料であるベータアルミナ円筒缶で隔離されているが，このベータアルミナは電解質の役割とセパレータ機能とを併せもつ．

　NAS電池の放電反応は次式で表される．充電反応式はこの逆となる．

$$負極：2Na \rightarrow 2Na^+ + 2e^-$$
$$正極：S_x + 2e^- \rightarrow S_x^{2-}$$
$$全体：2Na + S_x \rightarrow Na_2S_x$$

　放電時には負極側の金属ナトリウムが1個の電子を放出してナトリウムイオンとなり，このナトリウムイオンがベータアルミナ電解質層を通過して正極側に移り，正極側で硫黄と反応して（2個の電子

を受け取って）多硫化ナトリウム（Na_2S_x）という液体状の化合物となる．したがって，放電が進むとともに負極側の液状金属ナトリウムは徐々に減少（液面が低下）し，正極側では液状硫黄と液状多硫化ナトリウムの混合液の液量が増加（液面が上昇）するという現象が起こる．

NAS電池は理論エネルギー密度が高い（$760\ \mathrm{W \cdot h/kg}$），電池反応に伴う副反応がなく充電効率が高い，自己放電がないなどのさまざまな利点がある優れた電池の一つである．

加えて，レアメタルなどの高価な材料が必要なく，ナトリウムや硫黄の資源埋蔵量は極めて豊富であるため，コスト的にも優位である．ただ，NAS電池の充電／放電反応を行わせるためには電池を高温状態で維持する必要があるため，システムが大形となり重量もかなりかさむため，可搬型のアプリケーションには向かないという難点がある．

NAS電池のメーカが全世界でわが国の日本ガイシ1社だけであることも，将来的なコスト競争力の点でやや不安があるが，NAS電池が大容量蓄電分野の主要な担い手の一つであることは疑問の余地がない．

(e) レドックスフロー（Redox Flow）電池

レドックスフロー電池はまだ実用化例がほとんどないため，表1・3の二次電池の特性比較では除外したが，この電池もNAS電池と同様にかなり特色のある電池であるため，ここでご紹介しておきたい．

レドックスフロー電池はイオンの酸化・還元反応（Reduction-Oxidation Reaction）を溶液のポンプ循環によって進行させる流動（Flow）型の電池で，この英語の一部をとってレドックスフロー電池と呼ばれている．

この電池システムは住友電気工業で開発・実用化が進められてい

るバナジウム（V）を活物質として使用する大容量蓄電システム用電池で，NAS電池と同様に，今後この分野のもう一つの大きな担い手となることが期待されている．

　このバナジウム（V）を活物質とする電池反応は，バナジウムの価数変化に伴う酸化・還元反応で，充電時の正極および負極での反応は次式で示される（放電はこの逆反応である）．

負極：V^{3+}（3価）$+ e^- \rightarrow V^{2+}$（2価）
正極：VO^{2+}（4価）$+ H_2O \rightarrow VO^{2+}$（5価）$+ 2H^+ + e^-$

　このように負極および正極で，バナジウムの価数変化を伴う電池反応が起こり，隔膜を通ってプロトンが移動して，充放電が行われる．

　このバナジウムを用いたレドックスフロー電池では，電池反応が正極，負極ともに価数変化であり，固相反応を伴わない可逆反応である．深い放電や不規則な充放電などの過酷な使用条件下でも電解液はほとんど劣化せず耐用年数が長く（10年以上），またサイクル寿命も 10 000 回以上と長い．電解液が不燃性であるため安全性も高い．

　特性的には，公称電圧が1.4 V，重量エネルギー密度は10〜20 W·h/kg，体積エネルギー密度は15〜25 W·h/L，充放電効率は約75 % とほかの二次電池と比較するとやや物足りない感があり，結果としてシステムがかなり大形化するというデメリットがあるが，定置用大形蓄電システムとしてはさして支障はないであろう．電圧はセルをスタック化することによって，1.4 Vの倍数の任意の電圧とすることが可能である．

② リチウムイオン 電池の基礎

2.1 リチウムイオン電池開発の歩み

　リチウムイオン電池の開発は，非常に多くの研究者のさまざまな個別の発見を，一つの技術体系として取りまとめた，いわば英知の集大成として生まれたものである．この開発の過程においては，多くの日本人研究者の貢献が非常に大きい．さらにその商品化は，チーム活動が得意な日本企業の総合力が成し遂げた成果である．

　ここでは，年譜の形式で，リチウムイオン電池開発の歩みを取りまとめたい．なおこの項では，個人名への敬称記載は省かせていただく．また，所属する組織の名称は当時のものを採用させていただいた．

・1926年ごろ

　黒鉛（グラファイト）が層間にリチウム（Li）やナトリウム（Na）などのアルカリ金属などを取り込み，黒鉛層間化合物をつくることが広範に知られるようになった．

・1974 - 1976年

　ミュンヘン工科大学のベーゼンハルト（J. O. Besenhard）は黒鉛内のリチウムイオンの可逆的なインターカレーション（Intercalation）*と，陰極の金属酸化物へのインターカレーションを発見し，1976年にはリチウム電池への応用を提案した．

＊インターカレーション：

　　層状の構造の金属化合物の層間（空間）に金属イオンが入出（挿入，引抜）および滞留する現象をインターカレーションと呼び，この現象を利用して充放電を行えるように構成した電池がリチウムイオン電池である．ほかの二次電池のような酸化・還元反応を利用した電池ではないため，イオンの挿入，引抜時の層間構造へのインパクトが少なく，多数回充放電を繰り返しても結晶構造の変化（劣化）は比較的小さい．

・1976年

　エリクソンのスタンレイ・ウィッティンガム（M. S. Whittingham）は，正極に二硫化チタン（TiS_2，層状化合物の1種でインターカレーションが可能），負極に金属リチウムを使う二次電池を開発，提案した．

　この電池は充電時に負極側にデンドライト（Liの針状結晶）が発生し，安全性の問題から実用化はされなかった．

・1978〜1979年

　ペンシルベニア大学のサマー・バスー（Samar Basu）は炭素材料の1種である黒鉛（グラファイト）内におけるリチウムイオンの電気化学的なインターカレーションの発生を実証した．しかし，当時一般的に電解液として使用されていたプロピレンカーボネート（$C_4H_6O_3$）などの有機溶媒は炭素負極側で分解するため，炭素の1種である黒鉛を負極とする電池の実用化は困難であった．

・1980年

　英国原子力公社（AEA，Atomic Energy Authority）のジョン・グッドイナフ（J. B. Goodenough）および水沢公一らはコバルト酸リチウム（$LiCoO_2$）などの遷移金属酸化物を正極材料として使用する電池を提案した．

　これがリチウムイオン二次電池の正極材料の起源である．

・1981年

　三洋電機の池田宏之助，生川訓らが黒鉛を二次電池の負極材料とする日本特許を出願した．

　京都大学の山邊時雄らのグループが提唱したポリアセン系炭素材料が脚光を浴び，各所でその開発研究がなされた．

　その一実施例として，カネボウの矢田静邦がポリアセン系有機半導体（PAS）を作成し，これを用いて2種類の電池を開発した．

　一つは，正極，負極ともにPASを使用したキャパシタ電池（PAS電池），もう一つは負極にリチウムイオンをあらかじめドープしたPASを用い，正極は炭素材料などを使用したリチウムイオンキャパシタである．このリチウムイオンキャパシタの正極はキャパシタと同様に，負極はリチウムイオン電池と同様に動作する．

・1982年

　グルノーブル工科大学のラシド・ヤザミ（R. Yazami）らは，固体電解質を用いて，黒鉛内にリチウムイオンをインターカレーションできることを実証した．

・1983年

　南アフリカ開発研究所（CSIR）のマイケル・サッカレー（M. M. Thackeray）とオックスフォード大学のジョン・グッドイナフ（J. B. Goodenough）らは，スピネルと呼ばれる特殊な結晶構造を有するマンガン酸リチウム（$LiMn_2O_4$）が，リチウムイオンのインターカレーションが行える電池の正極材料として使用できることを実証した．

・1985年

　旭化成工業の吉野彰らは炭素材料を負極とし，リチウムを含有するコバルト酸リチウムを正極とする新しい二次電池であるリチウム

イオン二次電池（LIB）の基本概念を確立した．吉野らが着目したの
は次のような点であった．

① 正極にコバルト酸リチウムを用いると，正極自体がリチウムを
　含有するため，負極に金属リチウムを用いる必要がないので安全
　であり，4V級の高い電位をもつため高容量が得られる．

② 負極に炭素材料を用いると，炭素材料がリチウムを吸蔵するた
　め，金属リチウムは本質的に電池中に存在しないので安全であり，
　リチウムの吸蔵量が多く高容量が得られる．

　　また，実用的な炭素負極を開発，アルミ箔を正極集電体として
　採用，適正なセパレータの選択など，リチウムイオン電池の構成
　要素に関する基本技術を確立した．

・1986年

　カナダのベンチャー企業Moli Energyが，正極に二硫化モリブデ
ン（MoS_2）（後に二酸化マンガン（MnO_2）に変更），負極に金属リチウム
を使用した金属リチウム電池を開発，発売した．

　金属リチウム電池は非常に高い容量が得られるものの，充放電を
繰り返すうちに，負極にリチウムのデンドライト（針状結晶）が発生
し，これがセパレータを突き破って正極と接触して内部ショート（短
絡）を引き起こし，電池が発火するなど安全性に課題があった．

　この電池を搭載したNTTの携帯電話が市場で複数件の発火事故
を起こす不具合があり，Moli Energyは1989年に倒産した．

・1990年

　サイモンフレーザー大学のジェフ・ダーン（Jeff Dahn）らのグルー
プは，負極に黒鉛を用いた場合に，電解液としてエチレンカーボネー
ト（$C_3H_4O_3$）を用いると初期の充電でエチレンカーボネートが分解
されるものの，黒鉛表面に保護被膜を形成することにより有機電解

液の分解反応を停止できることを発見した.以後エチレンカーボネートがリチウムイオン電池の電解液の主剤となった.

・1991年

ソニー・エナジー・テックの西美緒らが,コバルト酸リチウムを正極とし,難黒鉛化炭素(コークス)を負極とする,18650(18 mmϕ × 65 mm)サイズの円筒形リチウムイオン電池を開発,商品化した.このリチウムイオン電池はソニーのカムコーダーに搭載されて大好評を博した.

その後,1993年にはエイティー・バッテリー(旭化成工業と東芝の合弁会社)が同様のリチウムイオン電池を発売,1994年には三洋電機が黒鉛(グラファイト)を負極とするリチウムイオン電池を商品化した.以後,多くの会社がコバルト酸リチウムを正極,黒鉛を負極とするリチウムイオン電池事業に参入した.

・1996年

マンガン酸リチウムを正極とし,黒鉛を負極とするリチウムイオン電池を,前記Moli Energyの継承会社であるMoli Energy (1990)が商品化した.

マンガン酸リチウムを採用したリチウムイオン電池は,容量はコバルト酸リチウムより劣るものの,スピネル構造が強固で安定しているため,安全性が高く大電流に耐えるなどのメリットがあることに加えて,材料のマンガンがコバルトと比較して埋蔵量が豊富で安価に入手できることから,大容量リチウムイオン電池の正極材料として多用されるようになった.

・1997年

アクシャヤ・パディ(A. K. Padhi)とジョン・グッドイナフ(J. B. Goodenough)らは,結晶構造がオリビン構造であるリン酸鉄リチウ

ム（$LiFePO_4$）を正極材料として使用するリチウムイオン電池を開発した.

　リン酸鉄リチウムはコバルト酸リチウムと比較して安全で長寿命という特徴がある.

・1999年

　ソニー・エナジー・テックおよび松下電池工業がそれぞれにリチウムポリマー電池を商品化した.その後各社が同様の製品を商品化している.

　ポリマー電池は液体の電解質ではなくゲル状で準固体のポリマー電解質を使用したもので,液漏れの不安がほぼ解消された.さらに,金属缶に代えてパウチ（アルミ箔の両面にプラスチックフィルムを溶着した材料）外装が採用できるようになったため,大幅な薄形,軽量化が実現でき,また外力,内部ショート,過充電などの諸耐性も向上した.

　リチウムポリマー電池は現在ではスマートフォンをはじめウェアラブル端末など各種の小形軽量電子機器用の電池として大量に採用されている.

・2008年

　東芝が負極にチタン酸リチウム（$Li_4Ti_5O_{12}$）を用いたリチウムイオン電池を商品化した.チタン酸リチウム負極は炭素材料と比較して,安全,長寿命,急速充電可能,低温動作可能といった長所がある反面,炭素材料よりも電位が約1.5 V高いため単セルの電圧が低くなり,エネルギー密度もやや劣る.チタン酸リチウム負極の電池は,マンガン酸リチウム正極の電池と同様に,自動車用,産業用,電力貯蔵用など幅広い分野で利用されている.

・2009年

リン酸鉄リチウムを正極材料，黒鉛を負極材料とするリチウムイオン電池をソニー・エナジー・テックが商品化した．以後，各社から同様の電池が販売されている．

・2010年

三菱自動車が，リチウムイオン電池でモータを駆動する電気自動車（EV），i-MiEV（軽自動車タイプ，現在は販売終了）の市販を開始，次いで日産自動車がリチウムイオン電池を搭載した普通乗用車タイプのEV，リーフ（LEAF）を発売した．

・2012年

トヨタ自動車がプラグインハイブリッド（PHV，PHEV）自動車プリウス（Prius）に，従来のニッケル水素電池に換えてリチウムイオン電池を搭載した．以後ハイブリッド車（HV，HEV）用電池も逐次リチウムイオン電池への切り替えが進んだ．

・2019年

ジョン・グッドイナフ（J. B. Goodenough），スタンレイ・ウィッテンガム（M. S. Whittingham）および吉野彰の3氏にノーベル化学賞が授与された．

2.2　リチウムイオン電池の原理

前項では，個々の発明，開発事象ごとに該当する局部的なリチウムイオン電池としての動作に触れてきたが，本項ではこれらの情報を取りまとめて，リチウムイオン電池の動作原理を説明する．

リチウムイオン電池の原理は，リチウムイオン（Li^+）を吸蔵（インターカレーション）できる電位差の異なる層間化合物を正極および負極に用い，充電の場合にはリチウムイオンが負極側に吸蔵され，放電の際はこの逆にリチウムイオンが正極側に吸蔵される，「ロッキン

グチェアテクノロジー（Rocking-Chair Technology，揺り椅子技術）」と呼ばれる（酸化・還元などの化学反応を伴わない）メカニズムによって充放電が行われる．

　化学反応を伴わないため，層間化合物の結晶構造はほぼ損傷なく強固に維持され，反応生成物がほとんどない可逆性の高い（結果としてサイクル寿命の長い）二次電池を構成することができる．また，電気の流れ（電流）の担体が電子ではなくリチウムイオンであるため，電子の移動の場合と比較して移動速度が速く，イオンの移動に伴う電気的な抵抗も小さいため，極めて優れた電気性能を備えることができる．

　リチウムイオン電池の正極および負極に採用できる物質は非常に多様であるが，これらの材料はその結晶構造内にリチウムイオンを吸蔵することができる層状の構造を備えることが必要である．

　選択された正極，負極材料によってそれぞれの電極反応は異なり，これら材料によって構成されるリチウムイオン電池も多様な性能および特性を発揮する（詳しくは次項で詳述する）が，ここでは代表的な負極材料である炭素（C，カーボン），およびポピュラーな正極材料であるコバルト酸リチウム（$LiCoO_2$）を用いた場合の反応式を示す．

　炭素負極の反応は次式で示され，右方向が充電反応，左方向が放電反応である．

$$C_y + {}_xLi^+ + {}_xe^- \rightleftharpoons C_yLi_x$$

　ただし，x および y は価数に応じた定数である．

　同様に，コバルト酸リチウムを活物質とする正極反応は次式で示され，右方向が充電反応，左方向が放電反応を表す．

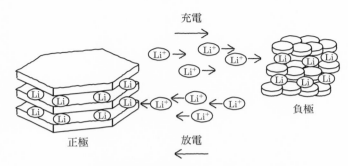

リチウムイオン電池を充電する際は，正極の中のリチウムイオンが引き抜かれ，電解液中を移動し，セパレータを通って負極に到達して負極内に挿入・吸蔵される．逆に放電の際は負極から吸蔵されていたリチウムイオンが放出され，イオンが充電時と逆方向に移動して正極に到達して正極内に挿入・吸蔵される．この放電の際に電気エネルギーを外部に取り出すことができる．

〔出典〕　各種資料を参考に筆者作成

図2・1　リチウムイオン電池の充放電反応の模式図

$$LiCoO_2 \rightleftharpoons Li_{1-x}CoO_2 + {}_xLi^+ + {}_xe^-$$

　図2・1は上記のようなリチウムイオン電池の充放電反応を模式的に表したものである．

2.3　リチウムイオン電池の構造

　リチウムイオン電池を形状面から分類すると，ほかの二次電池と同様に円筒形と角形とに分けられるが，リチウムイオン電池にはほかの二次電池にはない特殊な形状がもう一つある．これが，前記ポリマー電池で触れたパウチ外装である．ここでは，リチウムイオン

電池のほかの二次電池との構造上の違い，特にその電極構造および
外装の特徴について少し詳しく述べておきたい．

　図2・2は円筒形リチウムイオン電池の構造図である．この図を見
ただけでは，ニッケルカドミウム電池やニッケル水素電池との違い
がわかりづらいが，電池を構成する要素部品の中に，ポジティブ・
サーマル・コエフィシャント（PTC；Positive thermal coefficient）素
子，電流遮断機構など，ほかの二次電池には含まれていないものが
組み込まれていることに着目していただきたい．

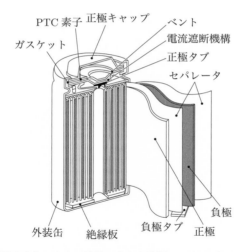

　円筒形リチウムイオン電池の大きな特徴は，PTC素子，電流
遮断機構，ベント（ガス排出弁）などの電池の安全性を担保
する機能を電池内部に備えること，ならびにジェリーロール
（電池素子）を構成する正極極板，負極極板およびセパレータ
がほかの二次電池と比較して極めて薄いことである．

〔出典〕各種資料を参考に筆者作成

図2・2　円筒形リチウムイオン電池の構造図

　PTC素子は，ジェリーロール（電池素子）と正極キャップとの間に電気的に直列に配設されており，何らかの原因で電池内を流れる電流量が増加し，電池温度が急激に上昇する状況になった際に，PTC素子の内部抵抗が増加し，PTC素子を通過して流れる電流（すなわち電池から流れ出る電流）の量を制限する働きをする素子である．言い換えると電池内部で過電流を防止する働きをする素子であるといえる．

　電流遮断機構は，PTC素子と同様に電流が流れる回路内に直列に設けられ，PTC素子の働きだけでは電流の急増，電池温度の急上昇が制御しきれない状況になった際に，この機構を通って流れる電流を完全に遮断する機械的な遮断機構である．

　これらの素子，機構に加えて，ベント（ガス排出弁）が設けられており，過電流，ショート（短絡）そのほか何らかの原因で電池内の温度が上昇し内圧が急激に上昇する状況になるとベントが開き電池内部に溜まったガスを電池外部に放出して電池の爆発を防止する働きをする．

　PTC素子，電流遮断機構およびベントはリチウムイオン電池の安全性を電池内部で担保する機能であり，ほかの二次電池にはない大きな特徴である．なお，電流遮断機構およびベントは一度作動すると復帰をすることはなく，その場合は電池の交換が必要となる．

　なお，鉛蓄電池の一部やニッケル水素電池にも電池の内圧が上昇した際に作動するガス排出弁が設けられているが，それらのガス排出弁は電池の内圧が低下すると自動的に復帰する構造である場合が多い．

　円筒形リチウムイオン電池の構造上のもう一つの大きな特徴は，ジェリーロールを構成する正極極板，負極極板およびセパレータが，

ほかの二次電池と比較して極めて薄くつくられていることである．この最大の理由は，リチウムイオン電池が水溶液系電解液と比較して2〜3桁導電率が低い有機系電解液を使用するため，電池の内部抵抗を極力低くするための工夫である．すなわち，正極と負極との間隔を極力狭め，正極と負極の対向する面積を極力大きくして極板間の電気抵抗を減らすために，集電体の銅箔およびアルミ箔は数ミクロン〜十数ミクロン（μ），活物質層は数十ミクロン〜百ミクロン（μ），セパレータは数ミクロン（μ）のものが採用されている．ジェリーロールは，負極極板，セパレータ，正極極板，セパレータを重ねて多数回巻回して形成するが，この巻回工程の途中で，集電用の正極・負極タブの極板集電体への溶着も行われる．

円筒形リチウムイオン電池の外装缶にはニッケルめっきされた鉄缶を用いる場合が多いが，この場合は使用する材料の電位の関係で，外装缶側が負極，キャップ側が正極である．

市販されている円筒形リチウムイオン電池の寸法はかなり限られており，ソニーが自社の特殊事情（カムコーダーに必要な容量を確保するために選択した特殊サイズ）で発売開始し，その後ノートPC向けなどでデファクトスタンダードとなった18650（18 mmϕ × 65 mm）サイズが大半である．ちなみにIECが規定する円筒電池の標準サイズは17650（17 mmϕ × 65 mm）である．

このほかには小形電子機器向けの単3サイズ（14500，14 mmϕ × 50 mm）および動力用などの大形サイズ（26650，26 mmϕ × 65 mm）などがある．

なお，円筒形にかぎらず，リチウムイオン電池は安全性を担保するため電池セル単体での販売は行われず，必ず保護回路（安全回路）を内蔵したパックとして販売されている．

　図2・3は角形リチウムイオン電池の構造図である.角形リチウム
イオン電池の場合は,構造上および加工上の制約から,円筒形リチ
ウムイオン電池が内蔵しているPTC素子および電流遮断機構を備え
ず,ベントのみを設ける場合が多い.そのベントの構造も,外装缶
壁に切り欠きを入れ,電池の内圧が上昇した際にこの切り欠きが裂
けることで外装缶内に充満したガスの放出が行われるような,比較

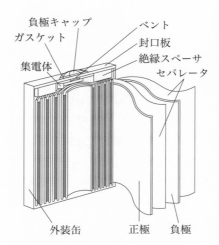

　角形リチウムイオン電池は,構造上および製造上の制約から
PTC素子や電流遮断機構を内蔵していない.角形リチウムイ
オン電池のジェリーロールは,正極極板,セパレータ,負極
極板,セパレータを重ねて円筒形ジェリーロールの巻回と類
似した方法でだ円状に巻回したあと,だ円部を圧縮整形する
方法,袋状のセパレータ内に一方の極板を挿入したものと他
方の極板を重ねて積層する方法,または短冊状の極板とセパ
レータとを順次積層する方法などによって形成する.

〔出典〕　各種資料を参考に筆者作成

図2・3　角形リチウムイオン電池の構造図

的簡易な構造がとられる場合が多い．したがって角形電池の安全性確保は，パック内に備えた外付けの保護回路の動作に依存する割合が高くなる．

　角形リチウムイオン電池の正極極板，負極極板，セパレータは基本的には円筒形で用いるものと変わらないが，ジェリーロールの形成方法はやや異なる．最も一般的な方法は円筒形のジェリーロール巻回方式と類似した方法でだ円形状のジェリーロールを巻回形成し，これを厚さ方向に押圧して平たいジェリーロールに成型する方法である．このほかに，短冊状の極板を袋状のセパレータ内に収めて積層する方法，セパレータを折りたたみながらその間に短冊状の極板を挿入して成型する方法，極板とセパレータをいずれも短冊状にして交互に積層する方法など，さまざまな成型方法が実用化されている．

　角形リチウムイオン電池の外装缶には用途および寸法などに応じてアルミ合金またはステンレス合金が用いられる．アルミ合金を使用する場合はニッケルめっき鉄缶を使用する円筒形の場合とは異なり，外装缶側が正極，端子キャップ側が負極である．外装缶にステンレス合金を使用する場合は，一般に電池が大形である場合が多く，この場合は正極および負極端子を外装缶から絶縁して独立に取り出すことが多い．

　角形のリチウムイオン電池は，使用する機器に合わせてカスタム設計されるものが大半であり，したがって寸法や仕様は千差万別である．角形リチウムイオン電池の場合も電池を単体で販売することはなく，安全性を担保するために保護回路を内蔵した電池パックとして販売されている．

　図2・4はパウチ外装型のリチウムイオン電池の構造図である．パ

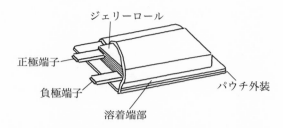

ジェリーロール

正極端子

負極端子

溶着端部

パウチ外装

パウチ外装リチウムイオン電池は，食品のレトルトパックな
どに使用されるプラスチックフィルムを溶着したアルミ箔素
材（パウチ）を外装材に使用する簡易外装リチウムイオン電池
である．

〔出典〕 各種資料を参考に筆者作成

図2・4 パウチ外装リチウムイオン電池の構造図

ウチ外装は，食品のレトルトパックなどに使用される，アルミ箔の
両面にプラスチックフィルムを溶着した材料（パウチ）を，収納する
ジェリーロールの形状に合わせて成型し，成型された凹部にジェリー
ロールを収めたあと，上下のアルミ箔含有パウチ成型体（シートの場
合もある）の端部のプラスチックを溶着して密封した構造である．正
極および負極端子もこのプラスチック溶着部を通して取り出される．

　パウチ外装は，当初は電解液漏出の懸念が少ないポリマー電池用
の簡易外装として実用化されたが，パウチ外装の封止性能が優れて
いるため，現在は電解液を用いたリチウムイオン電池でもパウチ外
装を採用した電池が市販されている（この場合ジェリーロールは角形の
ジェリーロールと同様の方法で形成される）．

　パウチ外装は軽量であること，角形電池缶製造に必要な金属の深
絞り加工などの高度な技術が必要でないためコストの低減が図れる
ことなどの利点があるが，構造上の制約から，PTC素子や電流遮断

機構を内蔵することはできず，また機械的なベント機構をつくりこむことも難しい．ただ，プラスチックの溶着部自体が，過大な内圧によって剥がれる（裂ける）ため，実態的にはこれがベントの役割を担っている．

　パウチ外装のリチウムイオン電池（ポリマー電池を含む）も，すべてカスタム設計品であり，寸法と形状は千差万別である．市販品は保護回路を内蔵したパック形状であることも，円筒形や角形のリチウムイオン電池と同様である．

2.4　リチウムイオン電池の種類と特徴

　リチウムイオン電池の全般的な特徴としては次のような項目があげられる．

① 　多様な正極，負極，電解質材料の選択肢があるため，所望の特性を満足する二次電池を構成することが可能である．材料の選択により，さまざまな定格電圧，エネルギー密度，パワー密度，充放電特性などを実現する設計，製品化が比較的容易に行える．

② 　非水系の電解液を使用するため，水の電気分解電圧を超える高い電圧が得られ，高いエネルギー密度が実現できる．また氷点下の温度でも動作する．

③ 　メモリー効果がないため，継ぎ足し充電を行っても問題が生じない．

④ 　充放電を繰り返しても，通常は金属リチウム電池のような金属デンドライトが発生しないため安全性が向上する．

⑤ 　充放電メカニズムが層間構造を有する正極，負極へのリチウムイオンのインターカレーションであるため，反応生成物がほとんどなく，サイクル寿命が長い．

⑥ 自己放電特性はニッケルカドミウム電池やニッケル水素電池と比較して格段に優れている.

⑦ 高容量電池であること,可燃性電解液を使用していることおよび常用領域と非安全領域とがかなり接近していることなどの理由で,充放電時の安全性を確保するために監視・保護回路を備える必要がある(過充電,過放電,電池内部および外部における短絡,過度の外力や振動・衝撃など,いわゆるアブユース(異常な使用状態,Abuse)を極力避けるとともに,万一このようなアブユース状態に至っても電池の発火,爆発などが防止できる機能を備える必要がある).

⑧ 定格電圧が異なるなどの理由により,そのままでは乾電池の代替電池としての使用はできない.

⑨ 電池の設計自由度が高いために,カスタム設計品が多く,標準化が難しい.特に角形やパウチ外装タイプの製品にこの傾向が顕著である.

(1) リチウムイオン電池の種類とそれぞれの特徴

リチウムイオン電池はさまざまな正極材料および負極材料を選択して,所望の特性の二次電池を設計,製造することが可能であることはすでに述べた.リチウムイオン電池の種類は,まずこの正極,負極材料の選択に応じて区分することが必要である.以下,主要な材料系とその特性について述べる.

(a) 正極活物質および正極極板の構成

表2・1に,代表的なリチウムイオン電池の正極材料と,その主要な特性をまとめた.ここで,電位は水素標準電極(0 V)に対する電位,容量密度は材料の単位重量当たりの容量,エネルギー密度は同様に単位重量当たりのエネルギー密度を示す.

コバルト酸リチウム($LiCoO_2$)は,リチウムイオン電池開発当初

2 リチウムイオン電池の基礎

表2・1 代表的なリチウムイオン電池用正極材料

特性 (単位)	電位 (V)	容量密度 (mA·h/g)	エネルギー密度 (kW·h/kg)
$LiCoO_2$	3.7	140	0.518
$LiMn_2O_4$	4.0	100	0.400
$LiNiO_2$	3.5	180	0.630
$LiFePO_4$	3.3	150	0.495
Li_2FePO_4F	3.6	115	0.414
$LiCo_{1/3}Ni_{1/3}Mn_{1/3}O_2$	3.6	160	0.576
$Li(Li_aNi_xMn_yCo_z)O_2$	4.2	220	0.920

〔出典〕 各種資料を参考に筆者作成

から採用されてきた正極活物質材料で，現在も汎用小形リチウムイオン電池用に広く採用されている．結晶構造は六方晶の層状構造をしており，この層間にリチウムイオンを挿脱することができる．

挿入されたリチウムを100％引き抜く（すなわち完全放電状態にする）ことができれば，理論容量は274 mA·h/gとなるが，実際上はリチウムを半分ほど引き抜くと結晶構造が変わり，これ以降リチウムの挿脱が可逆的でなくなり，また電解液の分解が発生するなどの問題が生じるため，実用上はほぼ半分までのリチウム引き抜き（したがって，容量密度は理論容量のほぼ半分の140 mA·h/g程度）にとどめる使い方がなされている．

コバルト酸リチウムはリチウムイオン電池の正極材料としてはバランスの取れた，かなり優れた材料であるが，レアメタルの一つで資源埋蔵量に制約のあるコバルト（Co）を使用するため，相対的に価格が高く材料確保が困難であるなどの課題があり，資源量がより

48

豊富なマンガン（Mn）やニッケル（Ni）化合物への転換が模索されてきた.

マンガン酸リチウム（$LiMn_2O_4$）はコバルト酸リチウムよりも高電圧が得られるものの，容量密度がコバルト酸リチウムに比べて約3割劣るため，小形高容量を必要とするアプリケーション向けとしては積極的な採用が手控えられていた.しかし，結晶構造がスピネル構造と呼ばれる立方晶（単なる層状ではなく縦方向を支える柱のような構造を含む）であるため，コバルト酸リチウムのようなリチウム引き抜き量の制約がなく，また結晶構造が強固であるため安全性が高いなどの利点があり，大電流放電を必要とする用途向けなどのやや大形のリチウムイオン電池用としては，優れた性能の正極材料である.

開発当初は充放電サイクル特性や高温保存特性がコバルト酸リチウムよりも劣る，といった難点が指摘されていたが，マンガン（Mn）の一部をマグネシウム（Mg），コバルト（Co），鉄（Fe）などのほかの金属元素で置換するなどの手段によって，このような弱点が緩和されることが確認され，1996年にはMoli Energyの継承会社Moli Energy（1990）からマンガン酸リチウムを正極材とする角形リチウムイオン電池が発売された.

これ以降，マンガン酸リチウムを正極活物質とする電池は複数の会社から販売されており，実用的な電気自動車（EV）の第1号といえる日産リーフなど多数のEV車に搭載されている.また，ボーイングの最新鋭の787型航空機の機内電力供給用として搭載されている電池は，このマンガン酸リチウムを主正極材とするGSユアサ製のリチウムイオン電池である.

ニッケル酸リチウム（$LiNiO_2$）は，コバルト酸リチウムよりも3割近く容量密度が高いものの，コバルト酸リチウムより電位が低いこ

と（したがって電池の定格電圧が相対的に低い）および熱安定性が劣る（したがって安全性に不安がある）ことから，ニッケル酸リチウム単独でリチウムイオン電池の正極材として実用化された例はなく，コバルト酸リチウムなどのほかの正極材料との混用，またはコバルトやマンガンとの複合酸化物（三元系，後述）として利用されている．

　初期のリチウムイオン電池の正極材として検討されてきたのはこれまで述べてきた，コバルト酸リチウム，マンガン酸リチウム，ニッケル酸リチウムの3種類のリチウム遷移金属酸化物であったが，コバルト，ニッケル，マンガンなどと同様の性質を備え，かつ資源埋蔵量が格段に多い鉄（Fe）系の正極材開発はやや遅れた．その理由は，鉄のリチウム酸化物が不安定であることや，導電性が前記3種類の正極材料と比較してかなり劣ることなどが指摘されていた．しかし，リン酸鉄リチウム粒子にカーボンコーティングを施すなどの手法で導電性も大幅な改善が図られたことなどから，2009年にはソニー・エナジー・テックがリン酸鉄リチウムを正極材とするリチウムイオン電池の商品化に成功した．

　リン酸鉄リチウムを正極材とするリチウムイオン電池は，電位はコバルト系やマンガン系より低いものの，Fe-P-Oの結晶構造が非常に強固であるため，大電流放電特性，サイクル寿命および安全性などに優れ，マンガン系正極材と同様に，車載用などの大形リチウムイオン電池に最適な正極材として急速に生産拡大が進んでいる．

　一方，高電圧化，高容量化，およびサイクル特性や安全性などの各種特性を改善する目的で，複合酸化物正極の開発が目覚しく進んでいる．代表的な正極材料としては，いわゆる三元系と呼ばれる，コバルト，マンガン，ニッケルをそれぞれ1/3量含有する複合酸化物 $LiCo_{1/3}Ni_{1/3}Mn_{1/3}O_2$（NMC）がある．これはコバルト酸リチウム単

体を正極材とするリチウムイオン電池より約10％容量が向上し，より高い安全性を実現している．高価なコバルトの使用割合が少なくなることから，コスト面でのメリットも期待できる．また，マンガン酸リチウム正極材と比較すると5割近い容量アップが実現でき，比較的高い安全性が担保されていることから，EV用などの大電流用途向け製品にも採用され始めている．

　この三元系正極材の発展系として Li $(Li_aNi_xMn_yCo_z)$ O_2（式中の a, x, y, z はいずれも定数）などの複合酸化物がある．この正極材は4.2 Vの高電圧，220 mA·h/gの高容量密度を実現しており，リチウムイオン電池の高容量化を促進する期待を担う正極材の一つである．

　正極極板の製造方法は，一般的に微細粉状にした正極活物質に導電材（一般的には炭素系材料）および結着材（バインダーとも呼ばれる．当初はポリふっ化ビニリデン（PVDF）などの樹脂系結着材が多く用いられたが，近年はより結着性が高いゴム系結着材を使用するケースも増えつつある）を混合し，適切な溶剤（結着材がPVDFなどの場合は有機溶剤，ゴム系結着材の場合は水系の溶剤が使用される）とともに混錬したペースト状の合材を集電体のアルミ箔の両面に薄く（通常数十〜数百ミクロン（μ））塗布し，これを熱風炉などで乾燥させたあと，極板表面が金属光沢を示す程度まで押圧し，さらにこれを所望の寸法に裁断して極板とする．

(b)　負極活物質および負極極板の構成

　表2・2に，代表的なリチウムイオン電池用負極材料の特性を示した．

　リチウムイオン電池の負極材料として最も多用されているのはグラファイト（黒鉛）である．グラファイトは六角形の炭素の結晶が隙間なく隣り合った平面状の層を上下方向に多数積み重ねた結晶構造

2　リチウムイオン電池の基礎

表 2・2　代表的なリチウムイオン電池用負極材料

特性 （単位）	電位 （V）	容量密度 （mA·h/g）	エネルギー密度 （kW·h/kg）
グラファイト（LiC_6）	0.1 - 0.2	372	0.037 2 - 0.074 4
$Li_4Ti_5O_{12}$（LTO）	1 - 2	160	0.16 - 0.32
$Li_{4.4}Si$	0.5 - 1	4 212	2.106 - 4.212
$Li_{4.4}Ge$	0.7 - 1.2	1 624	1.137 - 1.949

〔出典〕　各種資料を参考に筆者作成

　を備えており，リチウムはこの層間に吸蔵される．充電状態の層間化合物の化学式はLiC_6で示される．グラファイトを含む炭素系負極の電位は標準水素電極の電位（0 V）に極めて近い0.1〜0.2 Vであるため，正極材料と組み合わせた二次電池の定格電圧を比較的高く維持できること，資源が非常に豊富であることなどから，リチウムイオン電池の開発当初から負極材料として広く採用されてきた．

　炭素系負極材料としてはグラファイトのほかに難黒鉛化炭素（コークス）があり，リチウムイオン電池開発当初はコークスが負極材料として採用されたが，容量がグラファイトと比較して低いことおよび放電電圧特性が単調減少曲線を描くため，低電圧領域の貯蔵容量を有効に活用できないなどの難点があり，現在では大半のリチウムイオン電池がグラファイトを負極活物質として使用している．

　炭素系材料，特にグラファイトは優れた性能を備えた負極活物質ではあるが，容量密度が372 mA·h/gとやや低く（最も理想的な負極材料であるリチウム金属はグラファイトのほぼ10倍の3 861 mA·h/gの理論容量を有する），現在実用化されているリチウムイオン電池の大半が，実現可能な目一杯の容量を使い切る設計になっており，昨今は負極

容量がリチウムイオン電池のさらなる容量向上の阻害要因となる状況に陥っている.

　この状況を改善し，さらなる容量向上を実現するために，さまざまなほかの負極材料の検討がなされてきたが，なかでもシリコン（Si），すず（Sn），ゲルマニウム（Ge）とリチウムとの合金負極は，電位が炭素系負極と比較して 1 V 程度高いという難はあるものの，理論容量が炭素系負極の数倍〜十倍と大きいためかなりの容量向上が期待される.シリコンやすずのリチウム合金負極は一部実用化されつつあるが，充放電時の体積変化が著しく大きく，電池の機械的強度や安定性およびサイクル性能などに悪影響を及ぼすため，これらの課題を克服するための検討がなされている.

　近年注目を集めている負極材料はチタン酸リチウム（$Li_4Ti_5O_{12}$, LTO）である.チタン酸リチウムは電位が約 1.5 V と高く，理論容量も 160 mA·h/g と，炭素系負極材料や金属化合物負極材料と比較してかなり小さいが，非常に強固な結晶構造であるため，超急速充電，大電流放電が可能であり，安全性も極めて高く，サイクル寿命も 6 000 回以上を保証するなど，丈夫でタフな電池となっている.チタン酸リチウムを負極とするリチウムイオン電池は，東芝が「SCiB^{TM}」という商品名で市販しており，車載用や大容量蓄電用などの大形二次電池分野で独自の販路拡大を進めている.

　負極極板の製造も，正極極板の製造とほぼ同様に，活物質，導電材，結着材および溶剤を混錬し，これを集電体の銅箔の両面に塗布し，乾燥，押圧および裁断して製造する.使用する導電剤，結着材および溶剤も，正極極板の製造に使用する材料とほぼ同様であるが，電池を形成したときの正極と負極の電位の違いから，負極集電体には一般に銅または銅合金の箔が使用される.

(c) 電解質・電解液およびポリマー電解質

　リチウムイオンを吸蔵した炭素も，リチウム金属と同様に水と激しく反応するため，リチウムイオン電池には水溶液系の電解液は使用できない．このため，リチウムイオン電池の電解液としては有機系（非水溶液系）の電解液が使用される．有機電解液の物性は，使用する電解質（一般的にはリチウム塩）および溶媒によって異なるが，いずれも水溶液系の電解液と比較すると次のような欠点を有している．

① 導電率が水溶液と比べると2～3桁劣るため，電池の内部抵抗が高くなる．

② 水溶液に比べると溶解度が低く，電解質の濃度を高くすることが難しい．

③ 有機溶媒の分子はいったん分解するともとに戻せないので，分解を起こさないように，過充電や過放電を起こさせない管理が必要となる（充放電監視・保護回路が必要となる）．

　他方，有機電解液の利点としては次のようなものがあげられる．

① 水溶液系電解液より酸化・還元に対して安定であるため，高電圧の電池を構成することができる．

② 水溶液系電解液よりも融点の低い電解液が選択できるため，低温でも使用できる電池がつくれる．

③ 電極活物質は水溶液系電解液中よりも有機電解液中のほうがより安定である場合が多く，自己放電が小さい電池を構成できる．

　現在一般的に使用されている電解質としては，ヘキサフルオロりん酸リチウム（$LiPF_6$），ほうふっ化リチウム（$LiBF_4$），過塩素酸リチウム（$LiClO_4$）などがある．

　また，有機溶媒としては，エチレンカーボネート（EC），プロピレンカーボネート（PC）などの環状炭酸エステル，ジメチルカーボ

ネート（DMC），エチルメチルカーボネート（EMC），ジエチルカーボネート（DEC）などの鎖状炭酸エステル，1,2-ジメトキシエタン（DME）などの鎖状エーテルなどの中からいくつかを選択して組み合わせて使用することが多い．

　近年，電解液の液漏れ防止，難燃化，電池構造の柔軟化などを志向して，電解液を固体化する研究が進んでいる．

　現在実用化されているものは，完全に固体化されたものではなく，電解質および電解液をポリエチレンオキシド（PEO）やポリふっ化ビニリデン（PVDF）などの高分子化合物に含ませてこれをゲル状（ポリマー）にしたもので，いわば電解質および電解液を準固体状態に形成した物質である．このポリマー電解質層を正極極板と負極極板との間に挟んで形成した電池はポリマー電池と呼ばれている．

　ポリマー電池は液漏れの不安がおおむね解消されるため，パウチ外装などの簡易外装が適用できるなどの利点があるが，動作原理は一般のリチウムイオン電池と何ら変わるところはなく，リチウムイオン電池の1品種として位置付けられている．

(d)　セパレータ

　リチウムイオン電池のセパレータには，ポリエチレン（PE）やポリプロピレン（PP）などのポリオレフィン系多孔膜が使用されている．セパレータは，正極と負極とを電気的に分離する役割を担うとともに，正極・負極間のリチウムイオンの往き来をより容易にさせるといういわば相反する特性を併せもつ必要がある．また，極めて薄い（通常数ミクロン（μ））膜でありながら，電池の充放電によって引き起こされる内圧の変化や，電池素子（ジェリーロール）形成時に印加される引っ張り応力に耐えるための機械的強度も要求される．このため，近年はポリエチレンまたはポリプロピレン単一膜ではなく，これら

の複合膜を使用することが多くなった.

　なお，前記ポリマー電池の場合は，ポリマー層そのものがセパレータの役割を担うため，別にセパレータを備える必要はない.

(e) 外装

　リチウムイオン電池の外装に関しては2.3項のリチウムイオン電池の構造の項で触れたが，ここで若干補足しておきたい.

　リチウムイオン電池の外装缶としては，ニッケルカドミウム電池やニッケル水素電池などと同様に金属缶を用いるのが一般的である.円筒形リチウムイオン電池の封口は，乾電池などと同じクリンプ（かしめ.円筒外装缶内にジェリーロール（電池素子）を収容し電解液を注入したあとに，クリンプ加工により電極キャップを電極缶外周に押圧固定させて封止する）方式であるため，電池缶には機械的強度および加工性に優れたニッケルめっき鉄缶を使用する場合が多い.他方角形リチウムイオン電池では，クリンプ加工法は適用できず溶接によって封口する場合が多いため，軽量化を求めてアルミ合金を使用する場合（小形角形電池に多い）と，機械的強度を重視してステンレス合金を採用する場合（EV用などの大形角形電池に多い）とがある.

　また，先にも触れたように，アルミ箔を芯材とし，この上にプラスチック箔をパウチしたパウチ材を使用したパウチ外装も小形電子機器向けポリマー電池などで多用されている.

(2) リチウムイオン電池の特性

　リチウムイオン電池は正極，負極の活物質および電解液の選択，ならびに電池の構造設計上の工夫などによって，極めて多様な特性の二次電池を設計，製造することが可能である.これはほかの二次電池がおおむね狭い範囲の特性分布であるのと比較すると極めて特徴的である.加えて，リチウムイオン電池の容量密度やパワー密度

がほかの二次電池と比較して格段に優れていること，サイクル寿命も 1 000〜20 000 サイクル以上と極めて長寿命を実現していることなどを考慮すると，二次電池市場でリチウムイオン電池のみが急成長を続けていることが納得できる．

　本項では，正極活物質および負極活物質の選択の違いによって電池性能がどのように変化するかについて概観したうえで，代表的なリチウムイオン電池の特性を紹介する．

　図2・5は，リチウムイオン電池の正極，負極活物質の電位と容量との関係を示す概念図である．これは，表2・1および表2・2に示した代表的な活物質の電位と理論容量密度をグラフ上にプロットした図であるが，容量密度を単位体積当たりで表示した点が前記表とは異なる．

　図中の上部，すなわちおおむね電位4Vの周辺に位置しているの

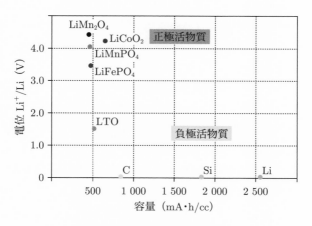

〔出典〕 各種資料を参考に筆者作成

図2・5　正極，負極活物質の電位と容量の概念図

が正極活物質で，他方電位０Ｖ近傍に位置しているのが負極活物質である．電池の最大蓄電容量は，正極と負極間の電位差と，正極または負極に蓄えられるリチウムイオンの容量密度（いずれかの蓄電容量の小さい方の値によって規制される）とを乗じて得た値となるので，電位差が大きければ大きいほど，また容量密度が高ければ高いほど，大きな蓄電容量が得られる．

　正極活物質の場合は，図２・５から明らかなように，電位の面ではマンガン酸リチウム（$LiMn_2O_4$）が最も高い電位で，以下コバルト酸リチウム（$LiCoO_2$），リン酸マンガンリチウム（$LiMnPO_4$）と続き，リン酸鉄リチウム（$LiFePO_4$）が最も低い電位である．他方，容量密度はコバルト酸リチウムが最も高く，以下リン酸マンガンリチウム，リン酸鉄リチウム，マンガン酸リチウムの順となる．この結果，小形高容量が求められる電池にはコバルト酸リチウムが，他方，急速充電，大電流放電，高安全，長寿命などのタフな性能が求められる電池にはリン酸鉄リチウムやマンガン酸リチウムが正極活物質として採用されている．

　負極活物質については，炭素（C），シリコン（Si），金属リチウム（Li）がほぼ０Ｖ近傍の電位に位置しており，この観点からはほぼ理想的な負極活物質である．代表的な炭素系材料であるグラファイトを負極に用いた電池は，ほぼその理論容量に近いところまで蓄電が行われている状態で，今後容量をさらに向上させることは難しい．このため理論容量密度の高いシリコンやすず（Sn）などの合金を負極活物質として採用する研究が進んでおり，一部実用化されているが，充電時の電極膨れをいかに低減するかなど，克服すべき課題はまだ多い．金属リチウムは容量密度が高く，究極の負極活物質といわれているが，安全性の課題を根本的に解決しなければならないことはす

でに述べた.

　負極材料として特異な存在であり，近年注目を集めているのがチタン酸リチウム（$Li_4Ti_5O_{12}$，LTO）である.チタン酸リチウムの電位は1.5 V前後でほかの負極活物質と比べるとかなり高い電位であり，容量密度も劣るものの，結晶構造が非常に強固であるため，正極材料の一つであるリン酸鉄リチウムなどと同様に，車載用，大容量蓄電用などの過酷な条件下で使用する電池用に採用が広がりつつある.

　図2・6はリチウムイオン電池の用途別の使用領域を示した概念図である.この図では，リチウムイオン電池の代表的な特性のうちエネルギー密度（W·h/kg）を横軸に，出力（パワー）密度（W/kg）を縦軸にとって，リチウムイオン電池の代表的な用途である携帯機器用，HEV用，EV用および電力貯蔵用の電池が，それぞれどの領域を設計基準としているかを示した.

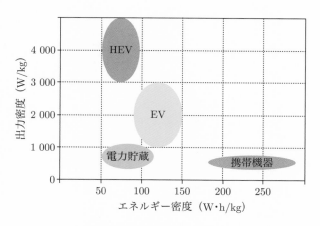

〔出典〕　各種資料を参考に筆者作成

図2・6　リチウムイオン電池の用途別使用領域概念図

　この図からも明らかに読み取れるように，従来のリチウムイオン電池の独壇場であった携帯機器市場は，軽薄短小をキーワードにした，より軽く小さい中にいかに多くの容量を蓄えるかの世界であった．したがって，どれだけエネルギー密度を高めるかが最も重要なターゲットであり，出力（パワー）密度はさして重要視されなかった．

　これと対極の領域にあるのがHEV市場である．HEVは，通常時はガソリンやディーゼルエンジンなどの内燃機関の出力によって走行し，同時に搭載している電動モータへの動力供給用バッテリーに充電を行っている．そして，始動時または低速走行時にこの蓄電された電気エネルギーでモータを駆動して走行するシステムである．したがってHEV用のバッテリーに求められる性能は，さして大きな蓄電容量は求めず，できるだけ小形で，しかし十分な車体駆動エネルギーを取り出せる電池，すなわち出力（パワー）密度をひときわ重視した設計の電池が必要となる．HEVの発売当初にニッケル水素電池がHEV用として採用されたのは，ニッケル水素電池がこのような要求性能をほぼ満足する特性の電池だったからである．近年は，リチウムイオン電池もパワー密度をニッケル水素電池なみに高めたものが開発され，HEV向けの分野でもリチウムイオン電池の採用が顕著に進んでいる．

　EV用の電池は，航続距離を確保するためにある程度大きな蓄電容量，すなわち高いエネルギー密度が必要であるのと同時に，車としての走行性能を発揮するためには一定水準以上の出力（パワー）密度も必要となる，いわば最も電池性能への要求が厳しい領域である．しかも，電池システムそのものの重量や占有容積も極力小さく抑える必要がある．このような過酷な性能要求に応えられる電池は現在のところリチウムイオン電池しか有り得ない．

　実用性能を備えたEVが市場に登場してから10年以上が経過し，EVの実働台数も徐々に増加している．課題であったEVの航続距離の短さや，充電時間の長さなどの使い勝手もかなり改善され，実用上ほぼ問題ないレベルまで到達しているが，EV用電池の性能向上への期待は大きく，その実現に向けた挑戦は今後も続くことになろう．

　電力貯蔵用電池の領域は，前記3領域と比較すると技術的なハードルはさして高くない．エネルギー密度にしてもパワー密度にしても，リチウムイオン電池としては十分余裕をもった設計が可能である．むしろ電力貯蔵用電池に求められるものは，10年以上の長期にわたって使用できる長寿命，大容量蓄電をするうえでの安全性の高さ，そして電池そのものを含むシステムコストの大幅低減である．高容量，ハイパワーを追うのとは全く違う方向での，これも大きな技術的チャレンジである．

⑶　代表的な市販のリチウムイオン電池

　本項の最後に，現在市販されているリチウムイオン電池の代表例として，パナソニックの民生用小形リチウムイオン電池（円筒形および角形），TDKの子会社ATLのポリマーリチウムイオン電池，日産のEVリーフに搭載されているエンビジョンAESC社のバッテリーシステム，ベンチャー企業エリーパワーの蓄電システム用電池，および東芝がSCiB™として販売しているヘビーデューティー用途向けリチウムイオン電池の5種類の製品をご紹介したい．

⒜　まずは民生用小形リチウムイオン電池の代表例として，パナソニックの円筒形および角形リチウムイオン電池のラインナップを紹介する．図2・7は同社のリチウムイオン電池の外観写真である．表2・3は，パナソニックの円筒形リチウムイオン電池のライン

〔出典〕　https://panasonic.jp/

図2・7　パナソニックの円筒形および角形リチウムイオン電池の外観

ナップである.

　パナソニックはカタログ上，7種類の円筒形リチウムイオン電池
をラインナップしている.

　品番の頭部の文字列NCまたはUは正極材料の種類を表している
ものと思われ，公表はされていないがいずれもリチウム複合酸化物
で，NCはおそらくコバルトとニッケル主体，Uはおそらくマンガ
ンが含まれる正極材料ではないかと思われる.

表2・3　パナソニックの円筒形リチウムイオン電池製品ラインナップ

品番	タイプ	公称電圧 （V）	公称容量 （mA·h）	最大外径 （mmφ）	最大長さ （mm）	最大質量 （g）
NCR18500A	高容量	3.6	2 040	18.5	49.5	34.5
NCR18650BD	高容量	3.6	3 180	18.5	65.3	49.5
NCR18650BF	高容量	3.6	3 350	18.6	65.3	47.5
NCR18650GA	高容量	3.6	3 450	18.5	65.3	49.5
UR18650AA	汎用	3.6	2 250	18.5	65.1	43.1
UR18650RX	高出力	3.6	2 050	18.5	65.3	47.5
UR18650ZM2	汎用	3.6	2 550	18.5	65.3	46.4

〔出典〕　https://panasonic.jp/から抜粋

次のRは円筒形であることを表している.

これに続く5桁の数字の最初の2桁は円筒の外径 (呼び径), あとの3桁は電池の高さの公称値である.

パナソニックの標準製品は, 18500が1品番のみ, 18650が6品番で, 外径 (呼び径) はすべて18 mmϕ, 公称高さは50 mmと65 mmの2種類ということになるが, 実製品のカタログ寸法には若干のばらつきがあることが読み取れる. 設計上あるいは製造上の何らかの事情により, このような違いが生じたものと思われる.

公称電圧は品番呼称NCRとURの両方ともに3.6 Vとされている.

タイプは, NCRはすべて高容量タイプ, URは汎用タイプと高出力タイプの2種に区分されている.

公表されているデータをもとに計算すると, NCRの体積エネルギー密度は335〜443 W·h/L, 重量エネルギー密度は213〜254 W·h/kgの範囲内に分布している. 一方URのうち汎用タイプはそれぞれ290〜327 W·h/Lおよび188〜198 W·h/kg, 高出力タイプはそれぞれ263 W·h/Lおよび155 W·h/kgとなる.

これらの数値から推定すると, NCRセルは, ノートPCやタブレット端末などのような, 機器自体が小形軽量であることが訴求され, 搭載する電池もより高容量でより軽量さが求められるアプリケーション向け製品の位置付けであると思われる.

他方, URセルは容量よりも出力, すなわち比較的大電流が流せることが重視されるアプリケーション, 例えばモータ駆動用向けの製品であると推定される. 特に高出力タイプのUR18650RXはおそらくEVなどへの搭載を企図した製品であろうと推定される.

表2·4は, パナソニックの角形リチウムイオン電池の製品ラインナップである.

表2・4　パナソニックの角形リチウムイオン電池製品ラインナップ

品番	タイプ	公称電圧（V）	公称容量（mA·h）	最大厚さ（mm）	最大幅（mm）	最大高さ（mm）	最大質量（g）
NCA103450	高容量	3.6	2 350	10.5	33.80	48.5	38.3
NCA463436A	高容量	3.6	720	4.60	34.30	35.5	12.4
NCA593446	高容量	3.6	1 300	5.90	33.80	46.0	20.6
NCA623535	高容量	3.6	1 100	6.30	35.20	35.1	17.6
NCA673440	高容量	3.6	1 265	6.75	33.80	40.35	20.3
NCA793540	高容量	3.6	1 570	7.95	35.10	40.5	27.4
NCA843436	高容量	3.6	1 300	8.70	33.90	35.7	23.0
UF103450P	汎用	3.7	2 000	10.5	33.80	48.8	38.5
UF463450F	汎用	3.7	960	4.45	33.85	49.6	18.5
UF553436G	汎用	3.7	830	5.50	33.85	35.6	15.6
UF553443ZU	汎用	3.7	1 040	5.55	33.80	42.8	18.7
UF553450Z	汎用	3.7	1 200	5.55	33.85	49.8	22.3
UF653450S	汎用	3.7	1 300	6.35	33.85	49.8	25.1

〔出典〕　https://panasonic.jp/から抜粋

　パナソニックは13種類の角形リチウムイオン電池をカタログに掲載している．

　品番の先頭の文字（列）NCおよびUは，円筒形リチウムイオン電池の場合と同様である．

　次のAまたはFは形状を代表していると思われ，Aはアルミ合金缶ケースの角形，Fはパウチ外装のポリマータイプの電池と推定される．

　続く6桁の数字は2桁ごとに順に厚さ，幅，高さの（呼び）寸法（mm）を表す．一見して理解できるように，これらの寸法にはほとんど一貫性がなく，角形リチウムイオン電池が特定のアプリケーション向けのカスタム製品であることを如実に示している．

　角形の場合も NCA セルは高容量タイプ，UF セルは汎用タイプと区分されているが，円筒形と異なり，公称電圧が NCA セルは 3.6 V であるのに対して UF セルは 3.7 V と，0.1 V 高いことがやや目を引く．円筒形とは異なる，よりマンガンリッチの正極材料を使用している可能性がある．

　角形リチウムイオン電池のエネルギー密度を計算すると，NCA セルは体積エネルギー密度が 444〜654 W·h/L，重量エネルギー密度が 166〜221 W·h/kg，UF セルはそれぞれ 427〜479 W·h/L および 192〜206 W·h/kg の範囲に分布している．

　円筒形の場合は NCR セルと UR セルとの間にかなり顕著なエネルギー密度の差が認められたが，角形の場合には NCA セルと UF セルとの間に大きな差は認められない．外装の違い（アルミ缶とパウチ外装）が寄与しているものと思われる．

(b)　次に，ポリマーリチウムイオン電池のメーカで，最大手と目される ATL（Amperex Technology Limited）のリチウムイオン電池を紹介したい．

　ATL は TDK の傘下にある企業で，香港に本拠を置くポリマーリチウムイオン電池専業メーカである．

　ポリマーリチウムイオン電池は形状の設計自由度が非常に高いため，標準製品はなく，すべてが特定の顧客向け，特定のアプリケーション用のカスタム製品である．このため同社のホームページには製品の仕様は一切掲載されていない．正極，負極およびポリマー電解質の組成などについても全く公表されていないため，他社のポリマー電池やほかのリチウムイオン電池との数値的な比較ができないことはいささか残念である．

　わずかに記載があるのは超急速充電性能で，定格電流の 5 倍（5C

と呼ぶ）の大電流での充電が可能で，5Cで10分間充電すると，定格容量の80％までの充電が可能とされる．通常行われる急速充電は，1.5C（定格電流の1.5倍の電流），30分の充電で定格容量の80％までの充電を行うことが一般的であるため，他社の競合製品に対して3倍強の急速充電性能であると喧伝している．また，この5Cの急速充電は800サイクルまで繰り返し充放電が可能とされる．

このほかにATLがうたっているのは，高エネルギー密度，小形ながら大容量といったメリットである．

図2・8はATLの多様なセルの外観写真，また図2・9はパック製品の外観写真である．

ポリマーリチウムイオン電池のアプリケーションは多岐にわたっており，現在主力となっているスマートフォンやモバイルバッテリーに加えて，ミニドローン，マイクロカメラ，モバイルWi-Fi，ブルートゥースヘッドセット，スマートウェアラブルデバイス（時計，眼鏡など）などの軽薄短小訴求アプリケーションへの展開が急速に進んでいる．

さらに，ドローン，ロボット，無人飛行機などやや大形で，大容

〔出典〕 https://www.atlbattery.com/en/product.html

図2・8　ATLの各種セルの外観

〔出典〕 https://www.atlbattery.com/en/product.html

図2・9 ATLの各種パック製品の外観

量，大電流が必要なアプリケーションにも対象を広げている．

(c) 次に紹介するのは，日産自動車のEVリーフ（LEAF）に搭載されているリチウムイオン電池である．

　この電池を製造するエンビジョンAESCジャパンは，神奈川県座間市の日産座間工場内に本社および組立て工場を，神奈川県相模原市のNEC相模原工場内に電極の量産工場を置く，中国エンビジョン社の100％子会社である．

　エンビジョンAESCジャパンの技術のルーツは，以前にも触れたカナダのMoli Energy社で，その後Moli Energy (1990)，NECモバイルエナジー，NECトーキン，NECエナジーデバイス，AESC（日産，NEC，NECトーキンの合弁子会社として2007年に設立），そしてエンビジョンAESCジャパン（当初は中国のエンビジョン社の合弁企業として2019年に設立，2020年にエンビジョン社の100％子会社化）と，さまざまな経営形態の変遷を経るなかで，マンガン酸リチウム（LMO）を正極主剤とするリチウムイオン電池技術を継承してきた．

　リーフは，リチウムイオン電池をエネルギー源として搭載した普

通車タイプのEVとして2010年に発売されたが，当初採用された電池はマンガン酸リチウム（LMO）を主剤とする正極を使用したものであった．

　その後，EVの1充電当たりの航続距離を大幅に延伸させるという市場ニーズに対応するために，搭載する電池のエネルギー密度向上（すなわち容量向上）の努力が続けられるなかで，使用正極材はニッケル，マンガン，コバルトを含む三元系（NMC）となり，さらに近年はその中でもニッケル比率が50％を大幅に超えるハイニッケルタイプが採用されるようになった．表2・5は，リーフの発売から現在に至るまでの搭載電池のエネルギー密度，バッテリーパック容量および航続距離の変遷を示す．

表2・5　日産リーフに搭載されたリチウムイオン電池パックの特性推移

世代	1	2	3	4	5
適用年	2010	2012	2016	2018	2020
体積エネルギー密度（W·h/L）	140	280 – 310	375 – 400	460 – 490	600 – 650
重量エネルギー密度（W·h/kg）	–	140	190-210	230-250	300
バッテリーパック容量（kW·h）	24	24	30	35	40，62
満充電時航続距離（km）	200	220	300	350	400，600
正極材	LMO	LMO	NMC	NMC	ハイニッケルNMC
負極材	グラファイト	グラファイト	グラファイト	グラファイト	グラファイト

〔出典〕　https://www.envision-aesc.com/jp/aboutus.html を参考に筆者補正

発売当初のリーフに搭載された電池モジュールの容量は 24 kW·h で，満充電時の最大航続距離は 200 km が精一杯であった．乗用車に求められる航続距離は，ガソリン車の場合満タンで 500 km，すなわち東京と大阪間を無給油で走破する程度の距離と考えられるため，EV の 1 充電当たり 200 km という航続距離はかなり使い勝手が悪く，これが当初期待されたほど EV が売れなかった一要因となった．

たゆみない技術改善の努力の結果，搭載電池のエネルギー密度は数年ごとに 20〜30 % 程度改善され，現在では満充電で最大 600 km の走行が可能になっている．

残された課題である充電時間の短縮は，容量改善が急速に進んだほどには進んでいないが，航続距離のハンディキャップがおおむね解消されたため，実用的にはあまり問題なくなってきたといえよう．

エンビジョン AESC が製造する電池セルは，ポリマーではなく電解液を内包したパウチ外装セルで，セル寸法は 261 mm × 216 mm × 8 mm，定格容量は 273 W·h，重量は 935 g，体積エネルギー密度は 605 W·h/L，重量エネルギー密度は 292 W·h/kg とされる．

リーフに搭載するバッテリーモジュールとしては，容量 40 kW·h と 62 kW·h の 2 種類が用意されている．容量 40 kW·h のバッテリーモジュールの場合は上記セル 8 個を直列に（8S）組み合わせて 1 パックとし，このパックを 24 個（12 直列 2 並列，12S2P）組み合わせて 1 台のモジュールを構成しているものと推定される．バッテリーモジュールの定格電圧は 350 V である．

バッテリーモジュール内には，システムの安全性を担保するため高度なバッテリーマネジメントシステム（BMS）が内蔵されている．

(d) 続いて，リン酸鉄リチウム（LiFePO$_4$）正極材を用いて，主に可搬型や定置型のリチウムイオン蓄電システムを製造，販売してい

るエリーパワーのリチウムイオン電池を紹介する.

　エリーパワーは2006年に,当時慶應義塾大学の研究室仲間であった吉田博一氏（現同社社長）ら4人が設立したベンチャー企業であった.その後資本を増強し,現在は東京都品川区大崎に本社を,神奈川県川崎市に主力工場を置く,大形リチウムイオン電池と,この電池を搭載した蓄電システムの製造および販売を行うリチウムイオン電池の専業メーカである.図2・10はエリーパワーが製造する大形リチウムイオン電池の外観写真である.

　表2・6にエリーパワーの大形リチウムイオン電池の仕様を示す.

　エリーパワーは,使用正極材の組成をホームページ上には掲載していないが,セルの公称電圧や,エネルギー密度などの発表データから,リン酸鉄リチウム（$LiFePO_4$）系正極を採用していることはほぼ間違いないものと思われる.

　リン酸鉄リチウム（$LiFePO_4$）を正極活物質としたリチウムイオン電池の特徴は,ほかの正極材料と比較して電圧が低く,容量およびエネルギー密度も相対的に低いものの,結晶構造が非常に安定なため,安全性が高く,サイクル寿命が長い,いわば非常にタフなタイ

〔出典〕　https://www.eliiypower.co.jp/company/index.html

図2・10　エリーパワーの大形リチウムイオン電池外観

表2・6 エリーパワーの大形リチウムイオン電池仕様

形式	PE55S07
定格容量 (A·h)	53
公称電圧 (V)	3.2
重量 (kg)	1.41
寸法 W × D × H (mm)	170.5 × 45.0 × 111.9
重量エネルギー密度 (W·h/kg)	121
体積エネルギー密度 (W·h/L)	197.9

〔出典〕 https://www.eliiypower.co.jp/company/index.html から抜粋

プのリチウムイオン電池で，かなり過酷な条件下でも充放電性能が保たれることである．

　エリーパワーは，このリン酸鉄リチウム正極リチウムイオン電池の強みを最大限発揮させるため，各種蓄電システムに特化した製品展開を行っており，容量数kW·h程度の比較的小形の可搬型蓄電システムから，数百kW·hの定置型蓄電システムまで，幅広い製品ラインナップを揃えている．図2・11はエリーパワーの代表的な可搬型蓄電

〔出典〕 https://www.eliiypower.co.jp/company/index.html

図2・11　エリーパワーの2.5 kW·h可搬型蓄電システム
POWER YIILE 3の外観

システム POWER YIILE 3 の外観写真，図2・12 は 10〜60 kW·h
クラスの中規模汎用型産業用蓄電システム Power Storager 10 の外
観写真である．

　エリーパワーのセルは単体で，振動，貫通，力学的衝撃，冷熱衝
撃，短絡，過充電，落下，浸水，破壊，異常加熱，過充電の 11 項目
の過酷試験（アブユーステスト）をクリアするかなり高いレベルの安
全性が実証されており，国際的認証機関 TÜV Rheinland（テュフ ラ
インランド）の安全性認証を取得している．加えて同社独自のバッテ
リーマネジメントユニット（BMU）を搭載することによって，シス
テム全体の安全性をさらに高めている．

　図2・13 はエリーパワーのリチウムイオン電池のサイクル寿命試
験データである．

　このデータからは，ほぼ15年間の連続使用に相当する，17 000回

〔出典〕　https://www.eliiypower.co.jp/company/index.html

図2・12　エリーパワーの汎用型産業用蓄電システム
Power Storager 10 の外観

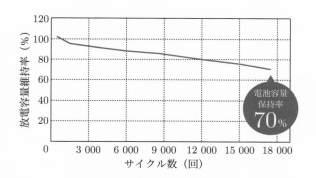

（出典：https://www.eliiypower.co.jp/company/index.html を参考に筆者作成）

図2・13　エリーパワーのリチウムイオン電池寿命試験データ

のサイクル試験後も，公称容量の70％以上を維持していることが読み取れる．

　また，エリーパワーのリチウムイオン電池は–20～＋60℃の広い温度範囲で，安定して使用できることが実証されている．

(e)　この項で最後に紹介するのは，東芝がSCiB^{TM}と銘打って積極展開しているチタン酸リチウム（$Li_4Ti_5O_{12}$，LTO）を負極活物質として採用したリチウムイオン電池である．

　チタン酸リチウム（LTO）の電位は約1.5Vで，一般に使われている炭素系負極（電位0.1～0.2V）と比較して高いため，電池セルの公称電圧も約2.3Vまたは2.4V（正極材料により異なる）となり，大半のリチウムイオン電池の公称電圧約3.6Vより3割ほど低い．これに伴い，エネルギー密度も炭素負極のセルと比較するとかなり見劣りする．これは一つの弱点ではあるが，SCiB^{TM}は炭素系負極のセルと比較して安全性，寿命，動作範囲，急速充電性能，高入出力性能，使用温度範囲が格段に優れており，公称電圧差やエネルギー密度差が

大きな問題とならない独自の分野で大きな強みを発揮している．一言で言えば，リン酸鉄リチウム正極のリチウムイオン電池と同様に，非常にタフなリチウムイオン電池である．

　SCiB™には高入出力タイプと大容量タイプの2種類の製品系列があり，それぞれの正極材は異なるものが採用されているものと推定される．明示はされていないが，おそらく高入出力タイプにはマンガン系正極材が，また大容量タイプにはコバルト，ニッケル，マンガンを含む三元系の正極材が使用されているものと推定される．両タイプにはそれぞれ2種類の容量の標準セルがラインナップされている．図2・14はパワー密度を縦軸，エネルギー密度を横軸として，両タイプ計4種類のセルの位置付けを表した概念図である．

　表2・7はこの4種類のセルの仕様である．

　SCiB™の高入出力タイプのセルは，例えば車両のアイドリング

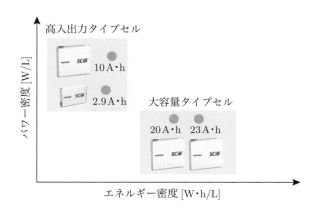

〔出典〕　https://www.global.toshiba/jp/products-solutions/battery/scib/about.html
　　　　を参考に筆者作成

図2・14　SCiB™の製品ラインナップ

表 2・7　東芝の SCiB™ のセル仕様

タイプ	高入出力		大容量	
製品名	2.9 A·h セル	10 A·h セル	20 A·h セル	23 A·h セル
定格容量（A·h）	2.9	10	20	23
公称電圧（V）	2.4	2.4	2.3	2.3
出力性能（W） （SOC50 %,10 sec,25 °C）	520	1 800	1 200	1 000
入力性能（W） （SOC50 %,10 sec,25 °C）	410	1 500	1 000	1 000
体積エネルギー密度 （W·h/L）	85	92	176	202
重量エネルギー密度 （W·h/kg）	46	47	89	96
寸法（W × D × H, mm）	63×14×97	116×22×106	116×22×106	116×22×106
質量（g）	約150	約510	約515	約550

〔出典〕　https://www.global.toshiba/jp/products-solutions/battery/scib/about.
html を参考に筆者加筆

ストップシステムや鉄道車両などで回生電力の有効利用を図るシステムなど，短時間に大電流の充放電が必要な用途に適しているとされる．

　高入出力タイプのセルのサイクル特性は非常に優れており，10 A·h セルでは大電流で 40 000 回以上の充放電を繰り返したあとの容量は，初期容量の 80 % 以上を維持しているとされる．

　また，急速充電性能も優れており，2.9 A·h セルでは 1 分間に電池容量の約 80 % の充電が可能である．このほか氷点下の環境でも充放電が可能で劣化も少ない，大電流放電でも容量低下が少ないなど多くの優れた特徴を有している．

　大容量タイプのセルは，大容量かつ大パワーも必要な用途に向いた製品である．

　大容量タイプのセルのサイクル特性は高出力タイプのセルのサイクル特性には及ばないものの，それでも炭素系負極のセルと比べると格段に優れ，20 000回の過酷な充放電サイクル後の容量維持率は70％以上である．

　急速充電性能は6分充電で定格容量の80％までの充電が可能，−30℃の低温環境下でも充放電可能など，広い環境温度範囲で使用可能，フロート充電（一定電圧で連続的に充電，一般的なリチウムイオン電池では劣化を加速することがある）における劣化が少ないなどさまざまな強みを有している．

　以上，それぞれにリチウムイオン電池の独自の強みを実現している5社，5種類のリチウムイオン電池について，その特徴と主要な特性を紹介した．

　リチウムイオン電池が，多様なユーザの多様なニーズに対して，最適な活物質の選択，最適なその他材料系の選択および最適な形状や構造の選択によって，それぞれのニーズを満足させる製品とすることができる，極めて自由度の高い優れた電池であることの一端がご理解いただけたかと思う．

2.5　リチウムイオン電池の用途

　前項でも随所でリチウムイオン電池の用途例を紹介したが，本項では主要なマーケット別に実際の用途例を紹介することとしたい．

(1)　携帯機器用リチウムイオン電池

　1991年にリチウムイオン電池が世界にデビューした最初の商品がソニーのハンディーカムであったことはすでに述べた．リチウムイオン電池を搭載した初代のハンディーカムには18650円筒セルを2個並列（2P）にしたパックが搭載されていた．当時の18650サイズセ

ルの公称容量は980 mA·hであった（現在では18650サイズのセルの公称容量は最大で当時の約3.5倍の3 450 mA·hを達成している）.

　本来，IECなどが規定する円筒形電池の標準寸法の一つは17650（17 mmϕ × 65 mm）というサイズであったが，この17 mmの径ではハンディーカムの連続撮影時間が所望の値にとどかないため，電池の径を1 mm大きくして何とか980 mA·hの容量を稼ぎ出した，いわば苦肉の策であった.

　これを皮切りに，リチウムイオン電池の目覚ましい躍進が始まった.ほかのハンディーカムメーカも一斉に追随したことは言うまでもない.

　できればこの初代リチウムイオン電池搭載ハンディーカムの写真を掲載したかったのであるが，残念ながら入手できなかったため，図2·15に現在販売中のソニーのハイエンドハンディーカムの一機種，FDR-AX700を掲載させていただく.

　ちなみに，この機種は公称電圧7.3 V，公称容量13.8 W·h/1900 mA·hのバッテリーパックNP-FV70Aを標準搭載している.

〔出典〕　https://www.sony.jp

図2·15　ソニーのハンディーカムの現行機種（FDR-AX700）の外観

　ハンディーカムに次いで，リチウムイオン電池の市場拡大のけん引力となったのがノートPCであった．

　ノートPC用二次電池としては，当初は17650サイズのニッケル水素電池を搭載するのが一般的であったが，1991年にリチウムイオン電池が登場してから様相が一変した．ニッケル水素電池と比較して軽量かつ高エネルギー密度のリチウムイオン電池の強みを生かして，18650サイズ円筒形リチウムイオン電池のハンディーカム以外のマーケットへの販売拡大を積極的に進めたソニーの努力が実を結んで，1992年のノートPCの新モデルから逐次リチウムイオン電池の採用が進み，数年の間にノートPC用電池パックはほとんどすべてがリチウムイオン電池搭載品に置き換わった．こうして，リチウムイオン円筒セルがノートPC用途をほぼ独占することになり，ソニー以外の各社も18650セルの大量生産を行うようになったため，標準とは異なる18650というサイズが，リチウムイオン円筒セルのデファクトスタンダードとなった．

　ノートPCの内蔵電池パックによる連続動作時間は，当初は2時間程度が精一杯であったが，近年は最長15〜20時間をうたう機種も出ている．

　図2・16は現在市販されている軽量タイプのノートPCの一例である．

　ノートPCに搭載されている電池パックは，ノートPCの本体の一部としてデザインされた専用形状のパックが一般的である．使用される電池セルは，おおむねデスクトップで使用される，比較的大画面で寸法や重量がそれほど重視されないモデルの場合は，相対的に安価で高容量の18650円筒セルを採用することが多い．

　図2・17は円筒セルを使用していると推定されるノートPC用バッ

〔出典〕 https://panasonic.jp/

図2・16 軽量形ノートPCの一例（パナソニック CF-LV9DDNQR）の外観

テリーパックの一例である．このパックの仕様は，公称電圧10.8 V，
定格容量6 300 mA·hで6セル使用と記載されているので，おそらく
3.6 V，3 150 mA·hの円筒セルを3直2並（3S2P）で使用しているも
のと推定される．

　他方，頻繁に持ち歩かれることの多い小形，薄形，軽量のモデル
の場合は，バッテリーパックも軽量さとともに薄さが重視されるた
め，角形またはポリマーパウチ外装のセルが採用される．

　図2・18はこのような小形・薄形・軽量のノートPC用バッテリー
パックの一例である．

〔出典〕 https://panasonic.jp/

図2・17 ノートPC用バッテリーパックの一例
（パナソニック，CF-VZSU1FJS）

〔出典〕　https://panasonic.jp/

図2・18　ノートPC用バッテリーパックの一例
（パナソニック，CF-VZSU0EJS）

　このパックの仕様は，公称電圧7.2 V，定格容量4 740 mA·hで4
セル使用と記載されているので，おそらく3.6 V，2 370 mA·hの角
形またはパウチセルを2直2並（2S2P）で使用しているものと推定さ
れる．

　ノートPCを小形軽量化した究極の商品がタブレット端末で，特
にその先鞭を切ったアップルのiPadは人気が高く，常に時代の先端
を走っている．

　図2・19はiPadの最新モデル，iPad Airの一例である．

〔出典〕　www.apple.com/jp

図2・19　代表的なタブレットの一例
（アップルiPad Air，MYFY2J/A）の外観

　搭載されている電池の詳細は明らかではないが，28.65 W·hのリチウムポリマー電池とされるため，おそらく3.6 V，1 980 mA·hポリマーセルの2直2並（2P2S）使用と推定される．

　ノートPCが円筒形リチウムイオン電池の需要急増をけん引したのと対照的に，携帯電話，スマートフォンは角形およびパウチ外装セル（大半がポリマーセル）の需要拡大に貢献した．

　携帯電話が一般に普及し始めたのは1980年代の後半で，当初は角形ニッケル水素電池を搭載していた．機器の重量は400〜500 gほどあり，気軽に持ち歩くのにはいささか重かった．

　1991年以降リチウムイオン電池が普及し始めると，携帯電話への角形リチウムイオン電池の搭載が急速に進み，1990年代半ば以降の携帯電話市場の広がりに呼応して，角形リチウムイオン電池の生産量も急速に拡大した．

　スマートフォンは，1996年にノキアが電話機能を内蔵したパーソナルデータアシスタンス（PDA）端末を発売したのがその端緒とされる．その後2006年にアップルが同社独自のオペレーティングシステムを採用したiPhoneを発売した．2007年になると，ほかの携帯電話器メーカが相次いでグーグル（Google）が開発したアンドロイド（Android）をオペレーションシステムに採用したスマートフォンを発売し，これ以降スマートフォンは従来の携帯電話（フィーチャーフォン）に置き換わって急速に普及した．

　携帯電話やスマートフォンは毎日，頻繁に使用することが多い機器であるため，搭載された電池の劣化すなわち容量の低下が徐々に進み，頻繁に充電を行う必要が生じることはやむを得ないことであった．比較的初期の携帯電話では2年程度の使用で電池を交換することを推奨しており，したがってユーザが電池を容易に交換できる設計

が一般的であった.

　その後リチウムイオン電池の性能改善が進み,電池の大容量化に加えて電池寿命が長くなったため電池交換の必要性が低下したこと,多くのユーザが数年内に新モデルに乗り換える志向がかなり顕著であること,より薄形のスマートフォンが好まれるようになったこと,機器の防水性能を保証する必要性などから,搭載されるリチウムイオン電池は金属缶外装の角形セルからより薄形・軽量のポリマーセルへの転換が進み,かつユーザ自身では電池交換ができない完全密閉型のモデルが増加している.

　ここでは,2021年初夏に発売されたスマートフォン2機種を紹介したい.

　図2・20はソニーのXPERIA 10$_{\mathrm{III}}$, 図2・21はシャープのAQUOS R6である.いずれも5G対応で,薄形軽量,大画面,高速,長時間動作可能などの高スペックを喧伝している.XPERIA 10$_{\mathrm{III}}$は4 500 mA·hのリチウムイオン電池(おそらくポリマー)で機器の重量は約169 g,AQUOS R6は5 000 mA·hのリチウムイオン電池搭載

〔出典〕　NTTdocomo総合カタログ2021 vol.3

図2・20　ソニーのXPERIA 10$_{\mathrm{III}}$の外観

図2・21 シャープのAQUOS R6の外観

（同）で重量は約207 gとされる．

　上述したように，スマートフォンには4 500〜5 000 mA·hという大容量のリチウムイオン電池が搭載されており，連続使用可能時間もかなり長くなってきてはいるものの，高速長時間通信，長時間ビデオ視聴，頻繁な動画撮影などのヘビーデューティーな使用を好むユーザにとっては，かなりの頻度で充電を行う必要が生じる．

　災害時の避難所生活や数日間の登山など，家庭電源からの充電が行えない状況も起こり得る．このような折に頼りになるのがモバイルバッテリーである．これ自体がリチウムイオン電池と専用バッテリーマネジメントシステム（BMS）をコンパクトにパック化したもので，あらかじめ充電したモバイルバッテリーを外出時に持ち歩き，スマートフォンなどで充電が必要になった場合に，モバイルバッテリーとスマートフォンをUSBケーブルで接続すると容易にスマートフォンの充電が行える．

　モバイルバッテリーはパソコンなどの周辺機器を手掛ける各社が

商品化しているが，ここでは周辺機器大手のエレコム社の製品を2機種紹介する．

　図2・22は小形軽量で気軽に持ち運びできるタイプのモバイルバッテリーDE-C17L 5000WF，また図2・23は数日間，複数回の充電が可能な大形モバイルバッテリーDE-C19L 20000BKの外観写真である．DE-C17L 5000WF は定格容量5 000 mA·h，出力20.5 W で5千円程度の市販価格，DE-C19L 20000BK は定格容量20 000 mA·h，出力50 W で1万2千円程度の市販価格である．

　以上，1991年のリチウムイオン電池の登場以来，まずはさきがけとなったハンディーカム，円筒セルの大ユーザとなったノートPC，そして角形およびポリマーセルの拡大を支えた携帯電話，スマートフォン市場の歩みとその現況を紹介させていただいたが，これ以外の携帯機器市場においてもリチウムイオン電池搭載が一般化した．携帯音楽プレーヤ（ウォークマン，iPodなど），ディジタルカメラ（デジカメ）などのポピュラーな市場に加えて，それぞれの市場規模は大きいとはいえないが，モバイルWi-Fiルータ，携帯プリンタ，アクティブスピーカ（アップルのHomePodなど），スマートウォッチ，ウェアラブル端末，ウェアラブルサーモデバイス（加熱および冷却が可能なデ

〔出典〕 https://www.elecom.co.jp

図2・22　エレコムのモバイルバッテリー（DE-C17L 5000WF）

〔出典〕　https://www.elecom.co.jp

図2・23　エレコムの大形モバイルバッテリー（DE-C19L 20000BK）

バイス）などの新市場が勃興し始めている．

(2)　中小形動力用リチウムイオン電池

　リチウムイオン電池を搭載した電動家電製品としてまず思いつくのはコードレス掃除機であろう．コードレス掃除機には二つのタイプがあり，その一つは従来の掃除機から文字どおりコードを取り外して掃除が行えるようにしたスティックタイプの充電式掃除機である．

　スティックタイプの充電式掃除機は日本の家電各社も販売しているが，世界的に知名度が高いのはイギリスのダイソン社のスティッククリーナーである．

　図2・24はダイソンのコードレススティッククリーナー（SV18FF）の外観写真である．ダイソンのスティッククリーナーには，2000年にNECからMoli Energy（1990）を買収した台湾のE-One Moli Energyの円筒形リチウムイオンセルが採用されている．

　なお，スティックタイプのコードレス掃除機の一般的な性能は，コードレス運転時間15〜30分，充電時間は約3時間，電池寿命は1 000〜1 500回とされる．

〔出典〕　https://www.dyson.co.jp/

図2・24　ダイソンのコードレススティッククリーナー（SV18FF）

　コードレス掃除機のもう一つのタイプは，いわゆるロボット掃除機である．このタイプの掃除機ではアイロボット（iRobot）社のルンバ（Roomba）が最も著名であるが，残念ながら同機はまだニッケル水素電池を搭載しているため，ここではリチウムイオン電池を搭載したパナソニックのロボット掃除機ルーロを紹介する．

　図2・25はパナソニックのロボット掃除機（ルーロMC-RSF1000）

〔出典〕　https://panasonic.jp/

図2・25　パナソニックのロボット掃除機（ルーロMC-RSF1000）

の外観である.

　ロボット掃除機の一般的な性能は運転時間約1時間,充電時間は約5時間,電池寿命は1 000〜1 500回程度である.

　電動工具も近年コードレス化が急速に進んでいる.コードレス電動工具は大電流を短時間に流す必要があるため,搭載する電池はニッケル水素電池が主流であったが,この分野でも軽さのメリットが評価されて,リチウムイオン電池採用モデルが増加している.

　図2・26はリチウムイオン電池を採用した,ハイコーキ(HiKOKI,旧日立工機)のマルチボルト(36/18 V)コードレスインパクトドライバー(WH36DC)の外観である.

　このハイコーキのマルチボルトシステムは,新商品群の36 V定格の電動工具と,従来の標準だった18 V定格の電動工具のいずれにも使用することができ,かつバッテリーを工具本体にセットするとバッテリーの出力電圧が工具本体の定格電圧(36 Vまたは18 V)に自

〔出典〕　https://www.hikoki-powertools.jp

図2・26　ハイコーキマルチボルト(36/18 V)
コードレスインパクトドライバー(WH36DC)

動的に切り換わる優れモノである.図2・27はこのマルチボルトシステムリチウムイオンバッテリーの一例（BSL36A18）と，マルチボルトシステムの説明図である.

　中小形動力用リチウムイオン電池を搭載したポピュラーな商品の一つに，電動アシスト自転車がある.電動アシスト自転車は諸外国ではほとんど見かけることのない日本独自の商品である.幼稚園や小学校への送り迎えに，小さなお子さんを乗せてさっそうと坂道をこぎ上がるママたちの姿は，国内のあらゆる地域の日常風景に溶け込んでいる.

　電動アシスト自転車は，ブリジストン，ヤマハ，パナソニックサイクルテックなどの大手自転車メーカが手掛けているが，ここでは最初にリチウムイオン電池搭載車を発売したパナソニックサイクルテックの商品を紹介する.ちなみに現在もまだニッケル水素電池を搭載している会社もあるが，パナソニックサイクルテックの製品はすべてリチウムイオン電池を搭載した車種である.

　電動アシスト自転車は，現在ではユーザのニーズに応じた多様な

〔出典〕 https://www.hikoki-powertools.jp

図2・27　ハイコーキマルチボルトシステムリチウムイオンバッテリー
（BSL36A18）

車種が販売されており，最も多いのは前記のいわゆるママチャリタイプであるが，ここではあえてスポーツタイプの写真を掲載させていただく．

　図2・28はパナソニックサイクルテックのスポーツ車ジェッター（BE-ELHC339V2）の外観である．

　電動アシスト自転車に搭載されているバッテリーの容量は車種や使用頻度などに応じて，8 A·h〜20 A·h程度までの複数のモジュールが用意されている．一般的な充電時間は，比較的小容量の10 A·h以下のタイプでは2時間程度，大容量の20 A·hタイプでは4時間程度である．なお，大半の機種は走行中の充電機能および急速充電機能を備えている．

　図2・29はパナソニックサイクルテックの20 A·h高容量モジュール（NKY583B02）の外観である．

　今後広範な用途に採用されることが期待されるドローンも，有望なリチウムイオン電池の対象アプリケーションである．多くのベン

〔出典〕 https://panasonic.co.jp/ls/pct

図2・28　パナソニックサイクルテックのジェッター
（BE-ELHC339V2）の外観

〔出典〕 https://panasonic.co.jp/ls/pct

図2・29 パナソニックサイクルテックの20 A・h高容量モジュール
（NKY583B02）の外観

チャー企業が，ホビー用の小形ドローンから産業用の大形精密ドローンに至るまで，開発競争にしのぎを削っているが，産業用の大形のドローンは，リチウムイオン電池が動力用バッテリーとして搭載されている機種が多い．

　ここでは，このような産業用ドローンを手掛ける石川エナジーリサーチの製品を紹介する．

　図2・30は同社のドローン，ビルドフライヤーの飛行中の写真で

〔出典〕 www.ier.co.jp

図2・30 石川エナジーリサーチのドローン，ビルドフライヤー

ある．現行のビルドフライヤーは 22 000 mA·h のリチウムポリマー
バッテリー 2 個を搭載しており，ノーロードで 45 分，最大ペイロー
ド（5 kg）で 25 分の飛行が可能である．

　これら以外にも，リチウムイオン電池を動力源とする機器として
は，電動バイク，電動カート，シニアカー，電動車椅子，産業用ロ
ボット，そして最近話題の電動キックボードなどさまざまなものが
ある．

(3)　補助電源用リチウムイオン電池

　次に，家庭やオフィスなどで，交流電源の瞬断（短時間の電源喪失）
や停電などの折の緊急補助電源，災害時やキャンプなどの際に便利
な可搬型の非常用電源，および太陽光発電システムなどと連繋して
設置すると長期停電時に数日間の家庭用給電が賄える家庭用蓄電シ
ステムなど，リチウムイオン電池を搭載する中小規模の機器の事例
をいくつか紹介する．

　最初に紹介する事例は無停電電源装置（UPS）である．UPS はパソ
コンなどの複雑なオペレーティングシステム下で動作する機器の使
用中に発生する瞬断などの際に，瞬時に機器への出力電源を，内蔵
バッテリーの蓄電電力を直交変換（インバーティング）した交流電源に
切り換えることにより，当該オペレーティングシステムに必要とさ
れる正常な手順で機器を安全にシャットダウンすることができる補
助電源システムである．一般的には正常なシャットダウンに必要な
時間は 1 分未満なので，UPS からの給電可能時間は 5 分以内と規定
する機種が多い．

　UPS には個人または小規模オフィス向けの，パソコンなどの機器
を数台程度サポートする小形システムから，建物全体あるいはさら
に大規模な社会システム全体の瞬断をサポートする大規模システム

まで，さまざまな規模，さまざまな機能のシステムがある．

　図2・31は小規模システムの一例で，サンワサプライが販売する無停電電源装置UPS-750UXNである．同機の容量は750 V・A/525 W，4台の機器を接続可能で，常時正弦波交流を出力し，バックアップ時間は最大5分とされる．

　図2・32はソニーマーケティングが東京都交通局に納入した，都営浅草線の7駅と1車庫を結ぶ通信系システムのバックアップを行う大規模無停電電源システムの，各駅に設置された制御盤（リチウムイオン蓄電モジュール，インバータ，制御機器を内蔵）の外観である．

　このシステムはYAMABISHI製で，内蔵インバータを介した常時給電システムである．1制御盤当たりの容量は5 kV・Aで，使用電池は村田製作所のFORTELIONという名称のリチウムイオン電池である．電池容量は32 kW・h，15年間電池交換不要で運用可能とされる．この電池の正極材はおそらくリン酸鉄リチウムを使用しているものと推定される．

〔出典〕 https://direct.sanwa.co.jp/

図2・31　サンワサプライの無停電電源装置UPS-750UXN

〔出典〕 https://www.sony.jp

図2・32　ソニーマーケティングが納入した，都営浅草線の駅間通信系
システムバックアップ用無停電電源システム

　なお，このシステムと同様のさらに大規模なシステム（33駅＋2施
設）が，都営大江戸線に近々導入されるとのことである．

　次に紹介するのは非常用電源である．これにもさまざまな容量，さ
まざまな機能の機種が多数市販されているが，一般的には災害など
による停電，各種イベントやキャンプ時などの折に数時間程度交流
電力を給電できる可搬型の電源機器が多い．

　図2・33は，その一例として紹介する加島商事のスマートタップ
HTE060-ODである．

　同器の容量は278 400 mA·hで，さまざまな形式の出力端子8個
から，合計1 000 W·hの同時出力が可能である．

　最後に，太陽光発電システムなどと連繋して設置する家庭用蓄電
システムの一例を紹介する．

〔出典〕　https://kashimasyouzi.jp/

図2・33　加島商事の非常用電源，スマートタップ HTE060-OD

　図2・34は，オムロンの KP-BU164S 家庭用蓄電システムである．写真の，向かって左がバッテリーモジュール，向かって右がインバータなどを内蔵する制御盤である．本器の出力容量は16.4 kW·h，1 kW の連続出力で16時間の連続運転が可能なため，例えば1日当たり8 kW·h の太陽光発電電力が取り込めれば，系統からの電力取

〔出典〕　https://www.omron.com/jp/ja/

図2・34　オムロンの KP-BU164S 家庭用蓄電システム

り込みができない状況下でも3日間程度は1kW程度の交流電力の連続使用ができることになる.

(4) 大形動力用リチウムイオン電池

1997年にトヨタが世界初の量産ハイブリッド自動車(トヨタの呼称はHV,一般にはHEV)プリウス(Prius)を発売した.

HEVはガソリンやディーゼルなどの内燃機関(内燃エンジン)を主動力とし,二次電池からの電力でモータを回転させてこれを補助動力に使用する複合型の駆動システムを備えている.モータによる駆動は始動時などの低速走行時のみに限定されているものの,それでもある程度の脱炭素効果があること,内燃エンジン走行が主体で走行性能が犠牲にされていないため使い勝手が良いこと,そして,既存の内燃エンジン車と比較して許容できる範囲の価格上昇にとどめられていることなどから,特に日本市場で急速な普及を遂げてきた.

当初HEVに搭載された二次電池は0.5〜1.5kW·h程度と比較的小容量であり,一方で車両の駆動に必要な大きな駆動力(すなわち大電流放電性能)が求められることなどから,大電流放電特性に優れ,耐久性もあるニッケル水素電池が採用された.その後リチウムイオン電池の性能向上に伴い,現在はHEVに搭載されるほとんどすべての電池がリチウムイオン電池に置き換わっている.また電池容量も,電池駆動による走行可能距離の延長や走行性能の改善などを考慮して,容量3〜5kW·hの電池を搭載する車種が増えている.

なおHEVは,エンジン駆動が主動力であり,エンジンでの走行中に搭載された発電機から二次電池に充電する仕組みであるため,一般的には外部からの充電を受け,または外部に給電する機能は備えていない.また,搭載する電池容量も比較的小さいため緊急時の非常用電源といった使用法も想定されていない.

　さらに，地球温暖化対策として脱炭素社会に向けた動きがさらに加速する近い将来には，HEVはEVではなく内燃エンジン車として扱われることになるものと思われる．

　図2・35は現在販売されている4代目のプリウスの外観である．

　現行のプリウスに搭載されているリチウムイオン電池はプライムアースEVエナジー製で，電池容量は3.6 kW·h，定格出力は53 kW，最大トルクは163 Nmである．

　HEVが市場に登場してから15年後の2012年に，トヨタがリチウムイオン電池を搭載したプラグインハイブリッド車，プリウスPHV（PHVはトヨタの呼称法，一般的にはPHEV）を発売した．PHEVは，搭載する二次電池の容量を高めて，モータによる走行可能距離を大幅に延長させたHEVの発展形の車で，自車内で完結する充・放電機能だけでなく，停車中などに外部からの給電（プラグイン充電）を受けることが可能な構造となっている．欧州でも，PHEVとほぼ同様のコンセプトのHEVが，レンジエクステンダーなどの名称で販売されており，市街地内はモータ走行により二酸化炭素の排出を防止し，市外のハイウェーではエンジン走行を行うといった使い方がな

〔出典〕　https://toyota.jp

図2・35　トヨタの4代目プリウス

されているが，日本ほどには市場に浸透していない．

　PHEV は HEV とは異なり外部からの受電，外部への給電の機能を備えている例が多く，搭載電池も通常の HEV の倍以上の 10 kW·h 前後の容量であるため，緊急時の非常用電源（数時間程度給電可）の役割も果たせるように設計されている．しかし，将来的には PHEV も HEV と同じく内燃エンジン車のカテゴリーに分類されることになろう．

　図 2·36 は PHEV の一例として紹介する VOLVO リチャージの SUV モデルである．この車種は 90 セル直列構成（90S）で，326 V，34 A·h，11 kW·h のリチウムイオン電池を搭載しており，定格出力 30 kW，最高出力 60 kW，最大トルク 160 Nm で，最大 41 km の電池走行が可能とされる．

　量産タイプの電気自動車（EV または BEV（バッテリー EV））は，2010 年に三菱自動車が軽乗用車サイズの i-MiEV を，日産自動車が普通乗用車サイズのリーフ（LEAF）を相次いで市場に登場させて大きな注目を集めた．この両車にはいずれも当初からリチウムイオン電池が搭載された．

　しかし，初代の EV に搭載された電池の容量は，寸法，重量，

〔出典〕　www.volvocars.com/

図 2·36　ボルボ（VOLVO）のリチャージ　SUV モデル

そして特に電池コストの制約からi-MiEVが15 kW·h, リーフが24 kW·hであったため, 1充電当たりの航続距離が最大200 km程度にとどまり実用車としては物足りなかった. また, 当初は充電ステーションが必要十分な程度には整備されておらず, さらには充電に要する時間が急速充電でも最低15〜30分かかり, ガソリン車の給油時間よりかなり長時間を要すること, そして何よりも車両価格が政府や自治体からの補助金を考慮しても一般ガソリン車の2〜3倍と高価であったことなどから, 期待されたほど急速には普及が進まなかった.

EVの発売から十数年が経過して, この間に電池性能の大幅改善, 電池価格のかなりの低減, 充電ステーションの広範な整備が進み, 使い勝手や1充電当たり航続距離はすでに一般のガソリン車と同等かそれを凌駕する水準にまで到達している.

加えて, 世界全体としてカーボンニュートラル社会実現の極めて有効な手段の一つとして, EVの普及加速が大きな潮流となってきていることから, 今後はEV市場の急拡大が続くことになろう.

図2·37は現在販売されている5代目の日産リーフである.

この5代目のリーフに搭載される電池は, 定格電圧350 V, 定格出力40 kW·hと, 定格電圧350 V, 定格出力62 kW·hの2種類が用意されており, それぞれの代表的な仕様は表2·8に示す値となっている. この電池はエンビジョンAESC製で, いずれの電池も8年間, 160 000 kmの性能保証がなされている.

図2·38は世界のEV社の代表格ともいえるテスラ(TESLA)のモデルSという車種である. 詳細仕様は公開されていないが, 同車の最大出力は1 020 hp, 1充電当たりの航続距離は最大663 km, スーパーチャージャーによる15分間の充電で最大322 kmの走行が可能

〔出典〕 www.nissan.co.jp/

図2・37　5代目の日産リーフ

表2・8　日産リーフに搭載されている電池の仕様

電池容量 （kW·h）	定格出力 （kW）	最大出力 （kW）	最大トルク （Nm）	一充電航続距離 （km）		急速充電 （分）
				（WLTC）	（JC08）	
40	85	100	320	322	400	40
62	85	160	340	458	570	60

〔出典〕 www.nissan.co.jp/）

〔出典〕 https://shop.tesla.com/ja_jp

図2・38　TESLAモデルS

とされる.

　これまで乗用車タイプのEVを数車種紹介したが,この項の最後に商用車のEVの例を紹介させていただきたい.

　図2・39は三菱ふそうの,eCanterというEVトラックである.

　eCanterは,370 V,13.5 kW·hのリチウムイオン電池を6個搭載しており,1充電当たりの航続距離は100 km,充電時間は,急速充電の場合1.5時間,普通充電の場合11時間である.ある程度限られたエリア内での小回りの利く集配などに活用できるものと思われる.

　なお,日本ではまだそれほど普及していないため本項では紹介を見合わせるが,中国では政府の強力なリーダーシップのもとでEVバスの普及が進んでいる.中国国内ではBYDなど電池が本業であった会社の自動車産業参入や新興企業のEVバス事業への参入などもあり,今後の世界のEV普及拡大の台風の目となりそうな予感がす

〔出典〕　https://www.mitsubishi-fuso.com/ja

図2・39　三菱ふそうのeCanter EVトラック

る．

　また，世界的にはアップル（Apple）やグーグル（Google）そして日本のソニーなどがAIや自動運転技術などを総合的に組み合わせてEV事業に参入する動きも顕在化しており，今後こうした動きからも目が離せない．

　リチウムイオン電池の補助動力としてのアプリケーションとして，電車や新幹線などの電動車両にリチウムイオン電池を搭載し，停電などの事故時にリチウムイオン電池に蓄電された電力を使用して一定の距離を自力で走行できるようにした車両の導入なども逐次進みつつある．このシステムでは通常走行中のブレーキング時に生じる電力を回生（搭載電池に蓄電）してシステム全体の省電力化にも寄与させる副次効果も期待される．

　このほかにも，リチウムイオン電池をエレベータやクレーンのバックアップ電源として使用する例，小形船舶の駆動電源として採用する例など，新たなアプリケーションの誕生が次々と報告されている．

　近年，台風などの自然災害によって発生した停電などの際に，EVまたはPHEVに搭載された電池を非常用電源として活用する動きや，太陽光発電などの再生可能エネルギーを取り込んだ地域コミュニティーなどの小規模な電力系統（マイクログリッド）の電力需給調整や電力品質の安定化に寄与させるためにEVやPHEVの電池を活用するなどの動きも徐々に顕在化している．これはV2G（ビークルトゥグリッド，Vehicle to Grid）と呼ばれ，今後の社会生活基盤を支える一助になるかもしれない．

　また，EV用としては多少経年劣化したため交換された使用済み二次電池を，電力系統用蓄電池やさまざまな機器のバックアップ用

電池としてリユース（再活用）する検討も徐々に進んでいる．

(5) 電力系統関連のリチウムイオン電池

　補助電源用リチウムイオン電池の項で，家庭用太陽光発電システムに付設するリチウムイオン電池システムを紹介したが，本項ではさらに大規模な，電力系統に接続するリチウムイオン蓄電システムを紹介する．

　温室効果ガス削減を強力に推進するためには，再生可能エネルギーの最大限の導入は今後の必須要件であるが，再生可能エネルギー由来の発電電力を系統に接続する際には解決しなければならない課題がいくつか存在する．

　電力系統が担う役割は，公共施設，事業体または一般家庭などへの必要な電力の安定供給，供給する電力品質の維持ならびに合理的な価格での電力提供である．わが国の電力の大半は，地域ごとに分割された電力会社から供給されており，これら各地の電力会社は自社が保有する火力，水力および原子力などのベースロードを担う発電施設を最も効率的に活用して（すなわちその電力会社にとって最も好ましいエネルギーミックスで），需給調整を行いながら，安定的に，必要な電力品質を維持しつつ，電力供給を行っている．

　このように安定的に運用されている電力系統に，再生可能エネルギー由来の発電電力を接続する際の課題は主に次の二つである．

　その第1は電力需給システムの混乱である．再生可能エネルギー，なかでもその主力とみなされる太陽光発電と風力発電は，その発電電力量が気象条件などによって大きく変動する．

　太陽光発電は，太陽からの光エネルギーを電気エネルギーに変換する発電方式であるため，夜間の出力はほぼゼロである．発電が行われる日中でも，朝夕の低発電量時と正午前後の発電ピーク時の発

電出力との差は極めて大きい．加えて，晴れ，曇り，雨，雪などのさまざまな天候条件，雲やほかの障害物などによる受光パネルの遮光状態，さらには受光パネルの汚れ状態などのさまざまな環境条件が，発電出力を大きく変動させる要因となっている．

　風力発電の出力変動要因はいうまでもなく吹く風の状態である．風力，風向などが出力変動の最大の要因であり，また台風などの接近に際しては，風車の破損事故防止のため風力発電の運転を停止せざるを得ないことも起こり得る．

　このように太陽光発電や風力発電はいわば極めて気紛れな発電電力であるため，これを何の調整もせずに電力系統に接続した場合は，電力系統の需給調整機能を混乱させる可能性が極めて高い．

　課題の第2は，電力品質への影響である．

　わが国の電力系統では，例えば電圧変動は100 V系の場合101 ± 6 V（200 V系は102 ± 20 V），瞬時電圧変動（瞬低，逆潮流）は10 ％以内，力率は85 ％以上などと，実生活における電力使用に際して，運転中の電子・電気機器に何ら支障を与えない安定的な電力品質が維持されている．周波数変動については全国一律の基準はないが，これについても各電力会社が独自の社内規格を設けて，実生活上問題が生じないように管理されている．

　このような電力系統に，太陽光発電および風力発電の出力を接続することにより，規定を超える瞬時電圧変動や周波数変動などが生じる危険性がある．

　こうした，再生可能エネルギー由来の発電電力を電力系統に接続する際に生じ得る諸問題を解決する切り札として注目を集めているのが二次電池の活用である．大容量蓄電設備をメガソーラ（大規模太陽光発電施設）やウィンドファーム（大規模風力発電施設）などの大規模

2　リチウムイオン電池の基礎

再生可能エネルギー発電施設に併設して，発電電力をこの蓄電システムにいったん蓄えることによって，系統電力と一体化したピークシフト（余剰電力をいったん蓄え，需要ピーク時に系統に出力する）などの電力需給調整機能を有効に働かせることができる．

　太陽光発電の出力は直流ではあるが，その電流および電圧は環境条件によって大きく変動するため，蓄電池への充電時には，電流波形の整流や電圧の変換（D/Dコンバータ）などを実施して安全確実な充電を行い，放電時には蓄電池からの直流電流を，インバータを介して接続する系統電力に適合した電圧および波形の交流に変換して出力する．

　風力発電の場合は発電出力が交流であるため，蓄電池への充放電を可能にするための交直変換や電圧調整などの制御が同様に必要になる．

　図2・40は，東芝が東北電力南相馬変電所に設置した大容量蓄電システムの一例である．この蓄電システムは最大出力40 MW，容量

〔出典〕
https://www.global.toshiba/jp/products-solutions/battery/scib/about.html

図2・40　東芝が納入した東北電力南相馬変電所の系統用蓄電システム．

40 MW・hで世界最大級の規模を誇る.

　電力系統に直結する，上記のような大容量蓄電システムのほかに，離島，地域コミュニティー，商業施設，工場，ビルまたはマンションなどのさまざまな規模で，電力系統から供給される電力に加えて，再生可能エネルギー発電施設からの電力，廃棄物や排水から回収するエネルギーを活用した発電電力を大容量蓄電システムと一体化して運用し，全体としてエネルギーマネジメントの最適化を図る試みも各地で活発に行われている.

　図2・41は，このような試みの一例で，宮古島市と沖縄電力とが宮古島に隣接する来間島島内の100％エネルギー自活化実証実験のために設置した蓄電システム（東芝製）である.

　この蓄電システムは，来間島島内に設置された太陽光発電設備と宮古島本島から来間島へ向かう高圧連系線との接続点に設置されて

〔出典〕
https://www.global.toshiba/jp/products-solutions/battery/scib/about.html

図2・41　東芝の来間島再生可能エネルギー
100％自活化実証実験用蓄電システム

いる.来間島島内の太陽光発電出力は380 kW,蓄電システムの仕様
は（最大出力100 kW,容量176 kW·h）×2セットで,運用時に宮古島
本島から来間島につながる高圧連系線に流れる電流を極力ゼロに近
づけるように蓄電システムの充放電制御を行う仕組みである.

2.6　リチウムイオン電池の主要メーカ

　1991年にソニーが世界で初めてリチウムイオン電池を製品化し,
発売してからおよそ10年間,リチウムイオン電池の製造ができるの
はほぼ日本メーカのみに限られていた.

　ソニーに遅れまいと次々に名乗りをあげたのは,旭化成,三洋（後
松下電器に吸収合併）,松下電器（現パナソニック）,東芝,日立マクセ
ル（現マクセル）,そして三井物産・湯浅電池（現GSユアサ）・NECの
3社の合弁会社だったMoli Energy (1990)（現E-one Moli Energy）な
どなど.

　2000年代に入ると,韓国のサムソンSDIやLGケミカルなどがそ
の豊富なグループ資本や韓国政府の手厚い支援を得て巨額の開発・
設備投資を断行し,日本メーカの脅威となった.2000年代半ばには
LGケミカルの円筒セル生産量・生産額がそれまでトップであった
三洋を上回る状況となった.

　さらに,2005年ごろからは中国メーカの参入が急速に進み,当初
は円筒セルなどの民生アプリケーション向けセルの大量生産が進ん
だが,2010年ごろからは中国政府のEV重視政策の後押しを受けて,
乗用車のみならずバスなどの大形車両の電動化のため大形リチウム
イオン電池セル・パック・モジュールの生産が急速に拡大した.

　なかでも代表的なのはBYDで,当初は円筒セルの大量生産で知
名度を上げ,次いでパック・モジュールの事業を拡大し,さらには

自動車の生産にまで手を広げて，今ではセルからEVそのものまでを一貫して手掛ける世界唯一のメーカとして，その存在感を高めている．

　正確な数字は全くつかめないが，2020年時点におけるリチウムイオン電池の生産額はおそらく中国メーカが世界の過半を占め，日本と韓国がほぼ拮抗して2位を争っている状況であろうと推定している．強いていえば，メーカ数の多さから推して，日本が2位を守っていそうに思える．他方，欧米メーカはセル生産に完全に出遅れたため，現在目立った実績を上げている会社は存在しない．近年，自動車のEV化の加速傾向に伴い，自動車メーカと日・中・韓電池メーカとの合弁や協業の動きはあるものの，実体化するのはこれからであろう．

　注目に値するのは，アメリカのEVメーカであるテスラ（Tesla Inc. www.tesla.com）が電池の内製化を企図している動きである（ちなみに現在はEV用電池をパナソニックから調達している）．今年になってゼネラルモーターズ（General Motors，GM）やトヨタも，EVに搭載するリチウムイオン電池の自社生産のため巨額の投資を行うことを発表した．

　リチウムイオン電池の商品化から30年の間に，個々のリチウムイオン電池メーカにもまさにドラマチックな盛衰の歴史があった．

　表2・9は，現在実際にリチウムイオン電池関連商品を製造，販売している主だったメーカの一覧である．これら各社はたまたま筆者の視点でピックアップさせていただいたもので，実際にはさらに多くのメーカが存立していることにご留意いただきたい．

　また，各社の生産量や生産高，さらには技術的な特徴などの詳細なデータは入手が極めて困難なため，取扱製品，URL，および簡単

表2・9 世界のリチウムイオン電池主要メーカ

国	名称	製品	URL	備考
日本	パナソニック	円筒セル，角形セル，ポリマーセル，パック，EV車載モジュール	industrial.panasonic.com	三洋の電池部門を吸収合併
	村田製作所	円筒セル，角形セル，大形セル，パック，モジュール	www.murata.com	ソニーの電池部門を買収
	マクセル	角形セル，パック，蓄電システム	www.maxell.co.jp	旧日立マクセル
	TDK／ATL	ポリマーセル，パック	www.atlbattery.com	TDKが香港のATLを買収
	東芝	大形角形セル，EV車載モジュール，蓄電システム	www.global.toshiba	
	エンビジョンAESC	大形パウチセル，EV車載モジュール	www.envision-aesc.com	日産，NECの合弁会社AESCを中国のエンビジョンが買収
	ビークルエナジー・ジャパン	大形角形セル，HEV車載モジュール	www.ve-j.co.jp	日立グループの車載リチウムイオン電池事業を統合
	プライムアースEVエナジー	大形角形セル，HEV車載モジュール	www.peve.jp	トヨタとパナソニックの合弁会社
	リチウムエナジージャパン	大形角形セル，EV車載モジュール，蓄電システム	www.lithiumenergy.jp	GSユアサ，三菱商事，三菱自動車の合弁
	エリーパワー	大形角形セル，蓄電システム	www.eliiypower.co.jp	独立系ベンチャー企業
韓国	LG化学	円筒セル，角形セル，大形ポリマーセル，EV車載モジュール	www.lgchem.com	
	サムソンSDI	円筒セル，角形セル，大形角形セル，EV車載モジュール，蓄電システム	www.samsungsdi.co.kr	
	SKイノベーション	大形パウチセル，EV車載モジュール	eng.skinnovation.com	
中国	BYD	円筒セル，角形セル，大形角形セル，EV車載モジュール，EV，蓄電システム	www.byd.com	セル製造からEVの製造，販売まで一貫で手掛ける
	天津力神（Lishen）	円筒セル，角形セル，大形角形セル，EV車載モジュール	en.lishen.com.cn	中国政府，天津市政府が出資する国策会社
	Hefei Guoxuan	大形パウチセル，大形角形セル，パック，モジュール	guoxuan.en.ecplaza.net	
	EVE Energy	円筒セル，パウチセル，パック，モジュール	https://en.evebattery.com	
	CATL	EV車載モジュール，蓄電システム	www.catl.com	
	BAK	円筒セル，大形角形セル，EV車載モジュール，蓄電システム	bakpower.com	
台湾	E-One Moli Energy	円筒セル，角形セル，パック	www.molicel.com	カナダのMoli Energy(1990)を買収

国	名称	製品	URL	備考
米国	Ultralife	汎用・特殊用途向けパック，モジュール	www.ultralifecorporation.com	政府，軍，医療などの分野で強み

〔出典〕　各種資料を参考に筆者作成

な備考のみを掲載するにとどめた点をお許し願いたい．

　表2・9に掲載した会社の一部に関して，若干の補足説明をさせていただきたい．

・パナソニック

　パナソニック（当時は松下電器）の三洋電機吸収合併に伴い，旧松下と旧三洋の電池部門も統合された．同社の円筒セルはアメリカのテスラのEV用電池として独占的に供給されている．

・村田製作所

　経営資源重点投下政策に伴い売却が検討されていたソニーの電池部門を買収し，リチウムイオン電池の製造，販売を引き継いだ．なお，同社の大形セルFORTELIONの正極材はリン酸鉄リチウム系と推定される．

・TDK/ATL

　ポリマー電池の最大手と自認するATLをTDKが買収した．

・東芝

　東芝は当初円筒セルの大手メーカの1社であったが，リチウムイオン電池事業から一時撤退した．その後チタン酸リチウムを負極とするリチウムイオン電池の開発・商品化に成功，SCiB[TM]として大形蓄電，電動車両分野で強みを発揮している．

・韓国メーカ3社

　LG化学，サムソンSDI，SKイノベーションの3社はいずれも大手財閥の傘下のメーカである．

・中国メーカ各社

　政府資本の天津力神を除きいずれも独立系メーカで栄枯盛衰が激しい．

・E-One Moli Energy

　NEC から Moli Energy (1990) の円筒セル部門を買収．台湾の台南に工場を有するほか，カナダ工場も研究開発部門として維持している．

・Ultralife

　アメリカのコインセル，リチウムイオン電池パック，モジュールなどを手掛ける専業メーカ．アメリカ政府やアメリカ軍が調達する特殊パック，特殊モジュールを手掛けるほか，医療機器分野のカスタムパックなどを扱う．

2.7　リチウムイオン電池の市場規模

　リチウムイオン電池の世界の市場規模に関する公的な統計は一切ないが，いくつかの専門調査会社がそれぞれ独自の手法で予測した市場規模を発表している．

　一例として，表2・10に富士経済が2021年1月に発表した市場規模予測数値を引用させていただく．

　この予測数値からは，まず現状のリチウムイオン電池の世界市場規模が5兆円弱とかなり大きな産業規模に達していること，それが今後4年間でほぼ倍増の10兆円弱まで伸長することが期待されること，そしてEV車載電池や電力貯蔵用などの大形リチウムイオン電池の市場規模が，すでに民生用小形リチウムイオン電池の市場規模の2倍近くとなっていることが示されている．

　さらに，今後の伸び率予測はより顕著で，民生用小形電池の年率

表2・10 リチウムイオン電池市場規模

(兆円)

用途	2020年見込み	2024年予測	伸長率（%/年）
民生用小形	1.72	1.98	3.6
EV車載用など大形	2.59	6.74	27.0
電力貯蔵など大形	0.43	0.80	16.8
合計	4.74	9.52	19.0

〔出典〕 富士経済の2021年1月の発表数値を引用，一部筆者加筆

伸長率が3.6％にとどまる一方，EV車載用などが年率27.0％増，電力貯蔵用などが年率16.8％増と，大形リチウムイオン電池の市場の急速な伸長を予測している．

　この予測に示されているように，世界のリチウムイオン電池市場はすでに確固とした基盤ができあがっており，かつ今後も急速な拡大が期待される時代の寵児と言っても過言ではない一大産業となっている．

③ リチウムイオン電池の安全性と寿命，そしてその将来

3.1　リチウムイオン電池は安全なの

　これまで，主にリチウムイオン電池の性能や特徴について，さまざまな視点から紹介してきた．ただ，記述の大半がリチウムイオン電池の優れた特性，使用上の利点などどちらかといえばその優位性に着眼した内容に偏っていたように思われる．

　この項ではこの視点を改め「リチウムイオン電池は本当に安全な電池なの？」という命題に冷静かつ真摯に取り組んでみたい．

　結論からいうと，残念ながらリチウムイオン電池は「絶対安全な電池」であるとは言い切れない．非常に高性能，高容量の電池であり，かつ可燃性の材料を使用しているがゆえに，潜在的な安全性リスクを内在した電池であることは否定できないのである．

　携帯電話にリチウムイオン電池が搭載され始めた時期に，携帯電話の発熱，変形，さらには発火もしくは爆発に至る事故が，比較的頻繁に報道されたことを記憶されている読者も多いことと思う．加えて，その多くがリチウムイオン電池製造の後発企業であった韓国や中国メーカ製であったことにも着目する必要がある．

　比較的最近では，ボーイング社の最新鋭の787型旅客機が，補助電源として搭載していたリチウムイオン電池システムに不具合が生じ，その原因究明，対策実施，品質および安全確認のために数か月間飛行停止を余儀なくされたことも記憶に新しい．

　繰り返すが，リチウムイオン電池は極めて高性能，高容量の電池であるがゆえに，その設計，製造，流通，使用のすべての局面において，安全性を担保するための細やかな配慮が必要な電池である．

3.2　安全性を損なう要因と対策

　リチウムイオン電池の安全性を損なうおそれのある要因とその対策については，セルの設計，製造，検査，パックおよびモジュールの設計，製造，検査，流通過程，およびユーザによる機器使用の各ステップで，安全性毀損要因の解析，対策の立案，対策の実施，対策結果の検証を行う必要がある．

　リチウムイオン電池セル，パック，モジュール，さらには電池システムの安全性に関わる，設計および製造上の懸念の要因分析，対策検討と実施および品質全般の保証はすべてメーカの責任のもとで行われるが，実際にどんな懸念があり，どんな対策が取られているのかを知ることはユーザにとっても重要な意味があると思われる．

　まずはセルの材料選択面の懸念とその対策である．

　さまざまな材料の中でも安全性に直接影響する主要なものは，正極材料，負極材料，電解液，そしてセパレータの4種類の材料であろう．これらの材料が内在する安全性リスクについて考察したい．

　2.4項でリチウムイオン電池に採用されているさまざまな正極材料について紹介したが，ここで再度かいつまんで説明する．

　民生用小形電池向けに多用されているコバルト酸リチウムは高容量が得られるメリットがあるものの，結晶構造が六方晶の層状で，この隣接する層間へのリチウムイオンの挿脱が繰り返される（充放電が繰り返される）と，結晶構造にひずみが蓄積し，過酷な使用が続くと安全性が徐々に低下する懸念がある．また，この層間に蓄えられた

リチウムイオンを半分ほど引き抜く（放電する）と，結晶構造が不安定となり，イオンの挿脱反応が不可逆となって電解液の分解が始まる懸念があり，これも安全性の低下につながる．このためコバルト酸リチウムを使用する場合は，負極の容量を正極の最大容量の50％以下にとどめて，放電終止の状態で正極残存容量が定格容量の半分以下とならないような設計がなされるのが一般的である．

　ニッケル酸リチウムもコバルト酸リチウムと同様の層状構造であり，かつ熱安定性がコバルト酸リチウムよりやや劣るためコバルト酸リチウム以上に安全性に懸念がある．このため，ニッケル酸リチウムのみを使用したリチウムイオン電池の実用例はなく，必ずマンガン酸リチウムなどとの混用，またはマンガンとコバルトとの複合酸化物である三元系を使用するなどの配慮がなされている．

　他方，マンガン酸リチウムはスピネル構造と呼ばれるいわば層間を柱で支える構造，リン酸鉄リチウムはオリビン構造と呼ばれるFe-P-Oの強固な結晶構造を有しており，充放電によるリチウムイオンの挿脱が繰り返されても，結晶構造のひずみは比較的小さい．すなわち安全性低下のリスクは相対的に小さい．

　このような事情から，大電流充放電が繰り返し行われるEVなどの電動車両用や，長期間大容量電力を蓄える電力貯蔵用などの，安全性および信頼性がより重視される用途向けには，リン酸鉄リチウムまたはマンガン酸リチウム正極を，小形軽量性が重視されその中で最大限の容量を得たい民生携帯機器向けにはコバルト酸リチウムまたは三元系などの高容量正極が一般的に採用されている．

　なお，現在は容量や各種特性の改善のために，コバルト酸リチウムやマンガン酸リチウムを単独で正極材に用いる例が減り，ニッケル酸リチウムを加えた三元系（NMCなど）の正極材を使用するケー

スが増えている．高容量を得るために安全性を若干犠牲にする選択
といえ，パック設計時に携帯機器用の場合は安全保護回路，電動車
両用や電力貯蔵用の場合はBMS（バッテリーマネジメントシステム）ま
たはBMU（バッテリーマネジメントユニット）などで安全を担保する対
応が一般に行われている．

　負極材料は大半のリチウムイオン電池メーカがグラファイト（黒
鉛）などの炭素系材料を使用している．炭素系材料の電極電位は0.1
～0.2 V程度と，究極の負極材料であるリチウムの電位（0 V）に極め
て近いため，高電流や低温環境で充電を行った場合に負極内で金属
リチウムがデンドライト（針状結晶）として析出する可能性が完全に
は否定できない．このため，このデンドライトが薄いセパレータを突
き破って，正極と負極間で内部ショートを起こし，セルの発煙，発
火を引き起こす懸念を完全には排除できない．

　他方，東芝のSCiB™で採用されているチタン酸リチウム負極は
電位が約1.5 Vと高いため，炭素負極の場合と比較して電池電圧が
下がり容量がかなり劣るものの，リチウム金属のデンドライトは析
出しないため安全性は格段に向上する．このため，電力貯蔵や比較
的大形の電動車両などの用途でSCiB™を採用する事例が増えてき
ている．

　セパレータの選択は，上述の炭素系負極におけるリチウム金属デン
ドライトの析出と関連する．セパレータ膜の強度が高ければ，仮
にデンドライトが析出してもセパレータがセルの内部ショートを阻
止することが期待されるが，膜厚数ミクロン（µ）のセパレータにデ
ンドライトの貫通阻止を委ねることはかなり難しい．セパレータは
当初はポリエチレンやポリプロピレンなどの単層膜が使用されてい
たが，近年はこれらの複合膜を使用し，セパレータの膜強度や弾性

を高める努力が続けられている.

電解液に関する安全性リスクは電解液自体が可燃性であることである.したがって,何らかの原因でセルに過電流が流れる,またはセルの過充電の状態が続くといった状況下で,セルの内部温度が上昇して,最悪の場合発煙や発火に至る危険性がある.

電解液そのものの恒久的な改善対策としては電解液のポリマー化,そして将来的には電池セルの全固体化などが検討されている.

2.3項の電池セルの構造の項で,電池セル自体が内蔵する安全対策部品または安全対策構造として,円筒形セルの場合は温度ヒューズ(周囲温度が上昇するとヒューズが溶断して電流を遮断する素子)とPTC(ポジティブ・サーマル・コエフィシャント,正温度特性素子,周囲温度が上昇するとPTCの内部抵抗が増加してPTC中を流れる電流を低減させる機能を備える素子)を内蔵し,機械的なベント構造(セル内の温度上昇などによりガスが発生してセル内圧が高まるとベントが解放されてガスを外部放出しセルの発火,爆発を抑止する.ベントが作動すると電池機能も停止する)も備えられていることを説明した.すなわち,円筒形セルの場合はセル単体としてもかなりしっかりした安全対策が施されている.加えて,円筒形は力学的にも強度の高い構造であり,円筒缶の大半がニッケルめっきの鉄製であることとも相まって,セルの落下や押しつぶしなどの外部からの機械的衝撃に対してもかなりの耐性を備えている.

他方,角形およびパウチ外装のセルは,構造的に温度ヒューズやPTC素子を内蔵することが難しく,ベント機能も角形の場合は外装のアルミ缶の一部に切り欠きを入れてセル内圧上昇時に切り欠きが裂けて内部のガスを放出する,パウチ外装の場合はセル内圧上昇時にパウチの溶着部(正極,負極取り出し部など)がはがれて内部のガス

が放出されるなど簡易的な方法で対応している場合が多く，セル単体での安全性維持レベルは必ずしも高くない．角形およびパウチ外装のセルは落下や押しつぶしなどの外部からの機械的な衝撃や損傷に対する耐性は円筒形に比較するとかなり劣る．

　次にセル設計と製造に際しての上記以外の安全性に関わる留意点を検討したい．ここでは，2.3項で説明したセルの構造図（図2・2，2・3，2・4）を参照して説明する．

　リチウムイオン電池セルは円筒形，角形，パウチ外装のいずれの形状であっても，正極フォイル（アルミ箔の両面に正極材を薄く塗布し乾燥，押圧），セパレータ，負極フォイル（銅箔の両面に負極材を薄く塗布し，乾燥，押圧），セパレータの4層を，巻回，折畳みまたは積層した構造のジェリーロール（電池素子）をその筐体の中心部に収めている．正極フォイル内の銅箔を外部正極端子に，負極フォイル内のアルミ箔を外部負極端子にそれぞれ電気的に接続し，筐体内に所定の電解液を満たして，筐体全体を密封することによって電池セルが構成される（ポリマー電池の場合はポリマー電解質自体がセパレータの役割も担う）．

　電池セルの加工完了後に初期充電が行われ，次いで，さまざまな検査（全品検査，ロット抜き取りの信頼性および安全性検査など）が行われて良品が完成品として入庫される．

　このセルの加工，検査工程までに内在する可能性のある安全性に関わる留意点としては，材料の品質（材料仕様に規定された材料組成，純度，異物混入有無，水分含有有無など），製造品質（製造仕様に規定された適正な加工工程の順守，作業環境の適正管理（照明，温度，湿度，塵埃等の環境管理，作業員の体調，着衣などの管理）），検査品質（検査仕様に規定された適正な検査手順の順守，検査環境の適正管理（照明，温度，湿度，

塵埃などの環境管理，作業員の体調，着衣などの管理)），そして品質保証
（品質保証仕様に規定された適正な品質保証検査手順の順守，適正な検査機
器の使用）などがあげられる．

　例えば，正極材中の微小な異物混入，材料表面のわずかな水分の
残留などは，加工中や出荷検査時には異常が検出されず，完成品と
して市場に出てから，ユーザによる電池セル内蔵機器の使用過程（充
放電が繰り返される過程）で，この異物や水分の存在を誘因とする内部
異常が生じ，最悪の場合発煙，発火に至ることが起こり得る．

　本項の冒頭で紹介した，リチウムイオン電池メーカが急増した時期
に，韓国や中国などのリチウムイオン電池後発企業の製品に発煙・
発火事例が頻発した原因は，工程全般にわたる材料管理や製造管理
が十分に機能していなかったために小さな瑕疵を見逃し，結果とし
て事故を発生させてしまったのではないかと推測している．

　これまで述べてきたように，リチウムイオン電池は，高容量電池
であること，可燃性電解液を使用していることおよび選択する正極，
負極材料の構成によっては常用領域と非安全領域とがかなり接近し
ていることなどの理由で，製造工程全体をいかに厳密に管理しても，
安全性への懸念を完全には払拭できない．

　したがって，製造工程での瑕疵による欠陥を内包する可能性のあ
るセル，過充電，過放電，セル内部および外部におけるショート，
過度の外力や振動・衝撃を受けるなど，いわゆるアブユース（異常な
使用状態）を被ったセルであっても，電池の保存時や使用時の安全性
を確保するために，電池セルの動作監視と適切な制御を行う保護回
路（安全保護回路またはBMU，BMS）をパックまたはモジュールのレ
ベルで備える必要がある．これはリチウムイオン電池を安全に使用
するための必須要件である．

　このように，リチウムイオン電池を使用するうえでは安全保護回路が必須であり，一般的にはリチウムイオン電池は単体では販売されず，必ず電池セルと安全保護回路とを一体にしたリチウムイオン電池パック（またはモジュール）として販売されている．

　ここで，一個のリチウムイオン電池（単セル）を使用する場合の，最も簡易で標準的な安全保護回路を備えた電池パックのブロック図例を図3・1に示す．

　コントロールICは，セルの電圧をモニタして，過充電または過放電の検知電圧を超えた場合にコントロールスイッチ（一般にTFTスイッチが使用される）を作動させて電流を遮断する．温度ヒューズはコントロールスイッチの温度が過大電流などで異常に上昇した際に電流を遮断する．また，サーミスタは電池温度を測定し，充電器また

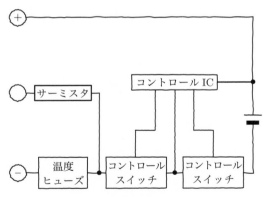

　電池パックは，リチウムイオン電池，コントロールIC，過充電および過放電防止用の2個のコントロールスイッチ，およびサーミスタなどで構成される．

〔出典〕　各種資料を参考に筆者作成

図3・1　リチウムイオン電池（単セル）パックのブロック図例

は電池パックを使用する機器側のさまざまな制御機能を動作させる
ための情報を提供する.

　民生用電子機器用で，複数個のセルを直列または並列に使用する
パックの場合も，使用セル数が4個以下の場合には単セルの例に近
い，比較的簡易な安全保護回路を備えるケースが多いが，使用する
セル数が5個を超えるパック，さらにはセル数が数十個を超え，単
体パックを複数台組み合わせてモジュールを構成するような大規模
システムの場合は，さらに緻密な管理が可能なBMU（バッテリーマネ
ジメントユニット）またはBMS（バッテリーマネジメントシステム）を搭
載する.

　このBMUまたはBMSが果たす機能としては，個々のセルの電
圧と温度の常時監視，充電量および劣化状態の推定，熱制御，過充
電や過放電保護のための電力入出力制限，充電制御，セルの充電状
態の平均化，バッテリーパックとシステム負荷の切り離し，バッテ
リーシステムの故障診断などが含まれる.電動車両用や蓄電システ
ム用などの大規模リチウムイオン電池システムはいずれも過酷な条
件下での安全性の確保が求められており，BMUまたはBMSの果た
すべき役割は非常に重い.

　流通面でまず留意したいのは，リチウムイオン電池の特性，安全
性，取扱い方法を十分熟知し，自社内でパックやモジュールの製造
を行っている特定の事業者向け以外には，セル単体での販売は行わ
れていないことである.すなわち，一般の顧客が自由にリチウムイオ
ン電池セルを入手し，リチウムイオン電池セルを単体で使用するこ
と，パック化などの何らかの加工を行うことは許容されていない.

　リチウムイオン電池パックを廃棄する場合は，自治体などによる
乾電池の回収とは区別し，家電販売店などに設けられたリチウムイ

オン電池回収ボックスに投入するなどの配慮が望ましい．不測の発火
などの事態を避ける観点と，リチウムイオン電池が含むレアメタル
のリサイクルに貢献するメリットとが考えられる．同様の理由で，リ
チウムイオン電池を内蔵するパソコン，タブレット，スマートフォ
ンなどの電子機器を廃棄する際は，リチウムイオン電池内のレアメ
タルや，搭載された回路基板や半導体に含まれる金などの貴金属類
のリサイクルを推進する，自治体や専門業者が提供するリサイクル
回収システムを利用することを推奨したい．

3.3 安全性確認試験

　これまでに述べてきたように，リチウムイオン電池は電池セルそ
のものに施される各種の安全上の工夫に加えて，電池パックに内蔵
された安全保護回路，パックやモジュール内に搭載されたBMUま
たはBMS，さらには使用する機器または充電器側でのさまざまな充
放電制御機能などによって，二重三重の安全対策が施されている．

　電池セルおよび電池パックの出荷時の検査も厳正に行われており，
近年はリチウムイオン電池を原因とする市場での発火事故はかなり
稀になってきた．

　表3・1に，出荷検査項目の一例として，世界的な安全審査機関で
あるUL（Underwriters Laboratories Limited Liability Company）が規
定する，電池セルの安全性試験に関するUL1642の試験項目，試験
条件および合格要件の抜粋を示す．

　各セルメーカは，このUL規格に準拠したまたは各メーカ独自の
さらに厳しい条件下でセルのロット抜取り試験を実施し，セルの安
全性を確認・保証している．

　また，パックおよびモジュールに対しては，同様にUL2054規格

表3・1 リチウムイオン電池の安全性試験の例

試験項目		試験条件	要件
電気的	短絡	完全充電電池を，室温および60 ℃で，0.1 mΩ未満の銅線で短絡	発火，破裂がないことケース温度が150 ℃を超えないこと
	過充電	完全放電ずみ電池を定格電流の3倍の電流（3C）で7時間または（2.5 × 定格容量）/C時間（長い方）充電する	発火，破裂がないこと
	強制放電	完全放電電池と新しい電池とを直列に接続したあと短絡	発火，破裂がないこと
機械的	圧壊	完全充電電池を平板で圧壊	発火，破裂，漏液，弁作動がないこと
	打撃	完全充電電池上に15.9 φの丸棒を置き，610 mmの高さから9.1 kgの錘を落下させる	発火，破裂，漏液，弁作動がないこと
	衝撃	完全充電電池に，1.25〜1.75 Gの衝撃を，3方向から各3回印加	発火，破裂，漏液，弁作動がないこと
	振動	完全充電電池に，±0.8 mm，10〜55 Hzの振動を90〜100分印加	発火，破裂，漏液，弁作動がないこと
環境	加熱	完全充電電池を，室温から5 ℃/分の昇温速度で150 ℃まで加熱した後10分間維持	発火，破裂がないこと
	温度サイクル	完全充電電池を，所定の温度サイクル10サイクル実施したあと，7日間放置	発火，破裂，漏液，弁作動がないこと
	高度/低圧	完全充電電池を20 ℃の真空チャンバー内に収め，1.68 psiの圧力下で6時間保管	発火，破裂，漏液，弁作動がないこと
特殊	引火性微粒子	金網上に完全充電電池を置き，試料先端0.91 mに綿布を配置し，バーナーで電池が破裂または破壊されるまで過熱する	綿布が着火しないこと
	破片放散	完全充電電池を，金網の8方体の籠（610 W × 305 H）内に置き，電池をバーナーで加熱して破裂させる	電池の破片が金網を突き抜けないこと

〔出典〕 UL1642から筆者翻訳，抜粋

か，これと同等以上の条件で，同様にロット抜取り試験を実施し，パックまたはモジュールの安全性を確認・保証している．

3.4　リチウムイオン電池を安全に使用するために

　リチウムイオン電池を内蔵する機器の使用および保管時に留意すべき点を以下に列記したい．当たり前と思われる項目も多いが，当たり前が意外と守られていないことに是非ご留意いただきたい．

① 使用機器専用の付属品（ケーブル，ACアダプタ，バッテリーなど）以外の類似品，代替品の使用は原則として避ける．

② 電源ケーブルの抜き差しは必ず電源をOFFにした状態で行う．

③ 充電は指定された方法に従って行う．炎天下や火の近くなど＋60℃以上の高温下での充電は行わない．また，−20℃以下などの低温下での充電も行わない．

④ 当該機器，ACアダプタなどを布などで覆って熱の放散を妨害する，炎天下の車中に放置する，薬品や水などが接触する危険性がある場所に置く，湯気・湿気・油煙・ほこりなどの多い場所で使用するなどの行為は機器の発煙，発火などの事故を誘引する危険性が高い．使用環境にくれぐれも留意する．

⑤ 当該機器の落下，投げつけ，過度の振動，踏みつけやハンマーで叩くなどの過度の機械的なアブユースは厳に慎む．

⑥ 当該機器の液中投下（防水性能を有するものを除く）を避ける．

⑦ 過充電，過放電を引き起こしかねない状況での機器の使用は避ける．24時間以上の機器の連続使用は極力避ける．充電しながら機器を使用することもできるかぎり避ける．

⑧ 当該機器や付属品の外観上の異常，動作の異常などが見つかった場合は機器の使用を停止し，専門業者に点検・修理を依頼する．

⑨　当該機器や付属品の分解，改造は絶対に行わない．

⑩　当該機器を長期保管する際は，高温・高湿の環境を避け，50 %
　　程度の充電状態で保管する．

⑪　当該機器や付属品を廃棄する際は，一般ごみ（可燃ごみ）として
　　の廃棄は厳に慎む．機器やACアダプタなどの火中投下は発火，爆
　　発など非常な危険を伴う．

　以上，リチウムイオン電池を内蔵する機器を安全に使用，保管す
るうえでの留意点をいくつか列記したが，もちろんこれがすべてで
はない．

　リチウムイオン電池は高性能，高容量であるがゆえに，事故に遭
遇しないために慎重に，丁寧に取り扱っていただくよう心から願う．

3.5　リチウムイオン電池の劣化メカニズムと対応

　これまでも随所で触れてきたが，リチウムイオン電池は正極材料，
負極材料，電解液，セパレータなどに化学物質を使用しているため，
充放電を繰り返し，正極，負極でリチウムイオンの挿脱が繰り返され
る間に微小なひずみが徐々に蓄積する．放電末期に電解液の分解が
わずかずつ進行する．セルの頻繁な温度上昇や経年劣化によってセ
パレータの強度や弾性が次第に損なわれるといった現象が起こるこ
とを完全には排除できない．また，角形セルやパウチセルの場合は，
外装として比較的柔らかいアルミ缶やパウチを使用するため，ジェ
リーロールのひずみ蓄積に伴って，ジェリーロールの体積が徐々に
膨張し，外装自体が膨れる事例も散見される．

　このように，リチウムイオン電池の劣化が進行した折には，過充
電，過放電，セル内外のショート，熱衝撃や機械的衝撃などにより，
セルの発煙，発火，爆発などの事故が起こる確率は新品の電池の場

合と比較して格段に高い．

　事故を防止するために取り得る処置は，電池パックが交換可能な
機器の場合はパックの交換を，パック交換が不可能な機器の場合は
機器自体の買い換えを行うことが現実的な対処方法である．

　電池交換を行う最も身近な目安は，充電の頻度に着目することで
ある．機器を使用する際に，1回の充電のあとに電池の消耗が早いと
感じることが多くなり，また，それまで1日1回の充電ですんでい
たのに，日に2回の充電が必要になるなどの兆候が現れたら，早め
に電池交換または機器買い換えをされるようお勧めしたい．

　なお，リチウムイオン電池メーカは，何サイクルまで実用的な充
放電が可能であるかをサイクル寿命として取扱説明書などに示して
いることが多い．サイクル寿命の厳密な定義はないが，一般的には
定格電圧から放電終止電圧までを定格電流で充放電を繰り返し，充
電後の容量が定格容量の70％に至るまでの充放電サイクル数をサイ
クル寿命としている．民生用の比較的小形のセルの場合は，サイク
ル寿命は1 000回以上が一般的である．スマホなどで，1日1回の充
電を行っている場合は，およそ3年間の充放電回数にあたる．これも
交換や買い換えの一つの目安となる指標である．

　EVなどの電動車両用システムや大容量蓄電システムなどの多数
のリチウムイオン電池を内蔵する大形システムの劣化判断は，この
ようないわば勘に頼る判断は不適切であり，次項に述べる劣化診断
技術が必要となる．

3.6　劣化診断技術

　前項で触れたように，リチウムイオン電池の劣化状態は，電池セ
ル単体に1サイクルの充放電（定格電流で定格電圧まで充電し，次に定格

電流で放電終止電圧まで放電）して1回の充電で蓄えられた容量（回復容量）を求め，回復容量を定格容量で除した値が何％であるかによって判断できる．

　このような方法で，民生用機器に使用されているリチウムイオン電池の劣化を診断することは可能ではあるが，コストパフォーマンス（上記測定のためには蘇陽機器の充放電条件に適合する適切な充放電器などを備える必要がある）を考えるとあまり意味がない．機器の日常の使用に際して，充電の頻度が上がり，頻繁に充電することに煩わしさを感じるようになったら電池パックを交換するか，機器そのものを買い換えるといった対応が現実的である．そもそも，これらの機器には異常な取扱いが行われないかぎり大きな事故には至らない，必要十分な対策が施されている．

　したがって，リチウムイオン電池の劣化診断は主に電動車両用や大容量蓄電システム用などの大形リチウムイオン電池システムに対して行われるのが一般的である．

　このような大形リチウムイオン電池システムには必ずBMU（バッテリーマネジメントユニット）またはBMS（バッテリーマネジメントシステム）が搭載されており，これがシステム全体の運転状況管理を行うと同時に，システムに何らかの問題が発生した場合にその原因を究明し対策処置を自動的に行う役割を担っている．この不具合の原因究明の機能が，まさにシステムの劣化診断の機能そのものである．

　BMUまたはBMSは，通常システム内のすべてのセルについて，個々のセルの電圧と温度を常時監視する機能を備えている．例えば，特定のセルの電圧がほかのセルの電圧と比較して許容範囲を超えて著しく高いかまたは低い（セル間のアンバランス）場合は，まずは充電制御機能により個別のセルの充電状態の平均化を図る．このように

　個別のセルの充電状態の平均化を図ってもセル電圧のアンバランスが規定範囲に収まらない場合，あるいは特定のセルの温度が所定値を超える場合などは，当該特定のセルの劣化が疑われるため，当該セルの使用継続は不適切であると判断され，システム警報を発するとともに，当該セルを含む特定のパックをシステム負荷から切り離し，発火などの事故の発生を未然に防止する処置がとられる．

　このように，システム運用中に特定のセルおよびこのセルを内蔵する特定のパックの劣化が疑われる事象が生じた場合は，システム停止後当該パックを取り外し，代替パックと交換するとともに，オフラインで取り外したパックの詳細な検査が行われる．

　オフラインで使用される電池の劣化診断装置は，大規模で高価なものが多い．

　これは試験電池モジュールに交流成分を重畳した電圧を印加または電流を注入し，出力として得られる電圧および電流の変動分の振幅比および位相差を用いて，当該電池モジュールのインピーダンスを求め，これから電池モジュールの等価回路の回路定数を求めるという方法である．このインピーダンスの周波数特性の変化と電池モジュールの劣化には強い相関関係があるとされている．この装置は，かなり精度が高く，モジュールに劣化をもたらした異常部位もある程度特定可能とされるが，装置価格がかなり高価で，測定に長時間を要することなどから，汎用的に使用される状況には至っていない．

　このため，任意の波形電流で充電を行う際の過渡応答の波形から，周波数変換またはZ変換といった手法を用いて，簡易的に電池の等価回路定数を推定するといった手法が提案されており，こうした簡易手法の今後の実用化が期待される．

3.7　ポストリチウムイオン電池への展望

　リチウムイオン電池は1991年に開発されて以来約30年の間に急速に技術改良が行われ，コストダウンも順調に進み，その市場も目覚ましい拡大を遂げてきた．しかし，近年は技術開発のスピードが次第に頭打ち状態になってきたように思われる．これは，リチウムイオン電池が実現できる性能限界に近づいてきたため，これ以上の性能改善が難しくなってきていることを示している．

　この状況を打開するためには，これまでのコンセプトに捕らわれない革新的な二次電池の開発・商品化が期待されるが，本項ではその方向性について若干紹介したい．

　図3・2および図3・3は新エネルギー産業技術総合開発機構（NEDO）が2013年に策定した，「自動車用二次電池ロードマップ」および「定置用二次電池ロードマップ」である．すでに大きな市場が形成され，今後はさらなる急成長が期待される，二次電池にとっては最も重要なこの2分野について，年次ごとの具体的なターゲットが記載されている．本ロードマップの策定時期からはすでにかなりの年数が経過しているものの，今日までまだ改定の動きはなく，これまでの経緯もほぼこのロードマップ上をたどっていると思われるため，これをベースに論を進めたい．

　まず，図3・2の自動車用二次電池ロードマップについて検討してみよう．

　ロードマップの出力重視形二次電池について，現時点に該当する2020年ごろのターゲット数字を順に追ってみると，出力（パワー）密度200 W·h/kg，2 500 W/kg，コスト約2万円/kW·h，サイクル寿命4 000〜6 000サイクルはいずれもほぼ達成されている．

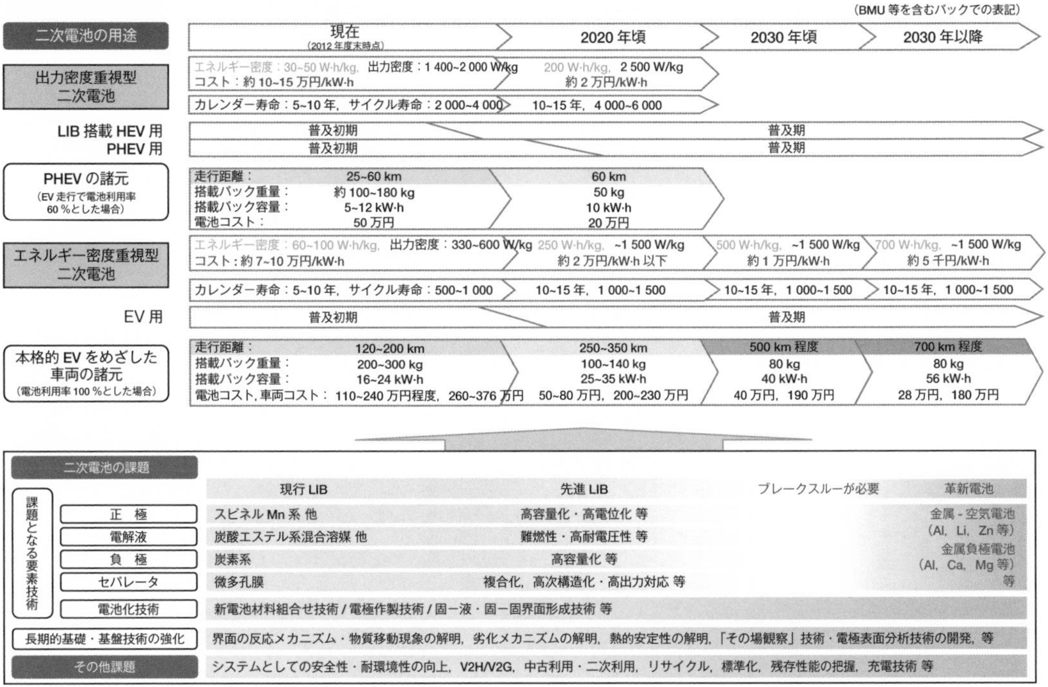

（BMU等を含むパックでの表記）

二次電池の用途

出力密度重視型二次電池
LIB搭載 HEV用 PHEV用

	現在（2012年度末時点）	2020年頃	2030年頃	2030年以降
エネルギー密度・出力密度・コスト	エネルギー密度：30~50 Wh/kg，出力密度：1 400~2 000 W/kg，コスト：約10~15 万円/kW	200 Wh/kg，2 500 W/kg，約2 万円/kW		
カレンダー寿命・サイクル寿命	カレンダー寿命：5~10 年，サイクル寿命：10~15 年，4 000~4 000	10~15 年，4 000~6 000		
	普及初期／普及初期		普及期／普及期	

PHEVの諸元（EV走行で電池利用率60%とした場合）

	現在	2020年頃
走行距離	25~60 km	60 km
搭載パック重量	約100~180 kg	50 kg
搭載パック容量	5~12 kW・h	10 kW・h
電池コスト	50万円	20万円

エネルギー密度重視型二次電池
EV用

	現在	2020年頃	2030年頃	2030年以降
エネルギー密度・出力密度・コスト	エネルギー密度：60~100 Wh/kg，出力密度：330~600 W/kg，コスト：約7~10 万円/kW	250 Wh/kg，~1 500 W/kg以下，約2 万円/kW	500 Wh/kg，~1 500 W/kg，約1 万円/kW	700 Wh/kg，~1 500 W/kg，約5 千円/kW
カレンダー寿命・サイクル寿命	カレンダー寿命：約5~10 年，サイクル寿命：500~1 000	10~15 年，1 000~1 500	10~15 年，1 000~1 500	10~15 年，1 000~1 500
	普及初期		普及期	

本格的EVをめざした車両の諸元（電池利用率100%とした場合）

	現在	2020年頃	2030年頃	2030年以降
走行距離	120~200 km	250~350 km	500 km程度	700 km程度
搭載パック重量	200~300 kg	100~140 kg	80 kg	80 kg
搭載パック容量	16~24 kW・h	25~35 kW・h	40 kW・h	56 kW・h
電池コスト，車両コスト	110~240 万円程度	50~80 万円，200~230 万円	40万円，190万円	28万円，180万円

二次電池の課題

課題となる要素技術	現行LIB	先進LIB	革新電池 ブレークスルーが必要
正極	スピネルMn系 他	高容量化・高電位化 等	金属・空気電池（Al，Li，Zn 等）
電解液	炭酸エステル系混合溶媒 他	難燃性・高耐電圧性 等	金属負極電池（Al，Ca，Mg 等） 等
負極	炭素系	高容量化	
セパレータ	微多孔膜		
電池化技術	新規電池材料組合せ技術／電極作製技術／固-液・固-固界面形成技術 等	複合化、高次構造化・高出力対応 等	

長期的な基盤・基礎技術の強化：界面の反応メカニズム・物質移動現象の解明、劣化メカニズムの解明、熱的安定性の解明、V2H/V2G、中古利用・二次利用、リサイクル、標準化、残存性能の開発 等

その他課題：システムとしての安全性・耐環境性・耐久性の向上、「その場観察」技術・電極表面分析技術の開拓、充電技術 等

［出典］ https://www.nedo.go.jp

図3・2 自動車用二次電池ロードマップ

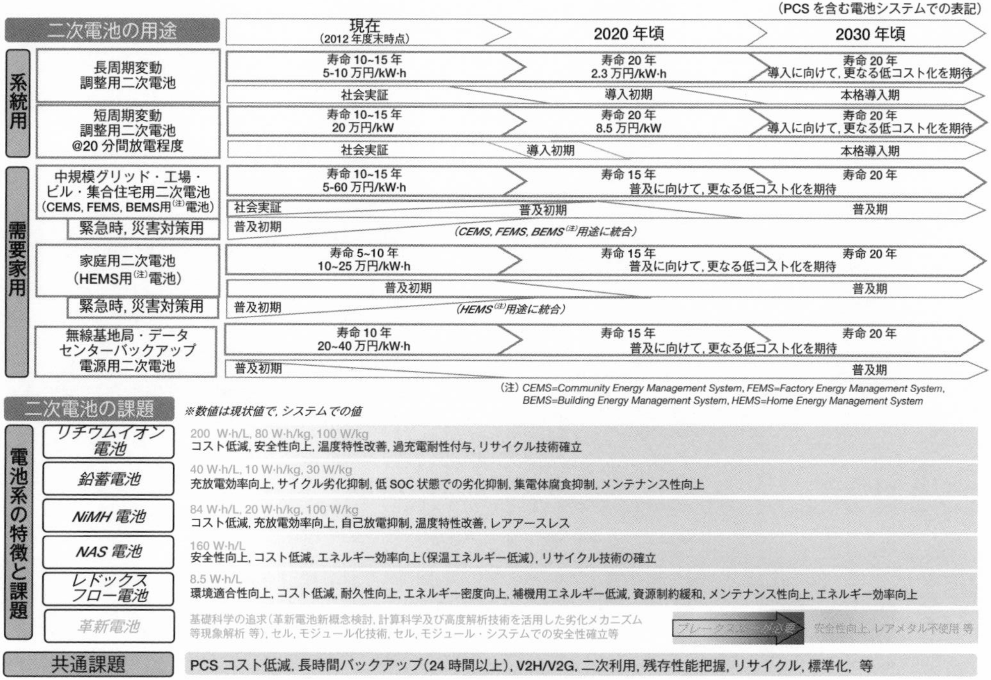

（PCS を含む電池システムでの表記）

二次電池の用途		現在（2012年度末時点）	2020 年頃	2030 年頃
系統用	長周期変動調整用二次電池	寿命 10-15 年 5-10 万円/kWh／社会実証	寿命 20 年 2.3 万円/kWh／導入初期	寿命 20 年／本格導入期 導入に向けて、更なる低コスト化を期待
系統用	短周期変動調整用二次電池 @20 分間放電程度	寿命 10-15 年 20 万円/kW／社会実証（導入初期）	寿命 20 年 8.5 万円/kW／導入初期	寿命 20 年／本格導入期 導入に向けて、更なる低コスト化を期待
需要家用	中規模グリッド・工場・ビル・集合住宅用二次電池（CEMS、FEMS、BEMS[注]用途に統合）	寿命 10-15 年 5-60 万円/kWh／社会実証 普及初期	寿命 15 年／普及初期（CEMS、FEMS、BEMS[注]用途に統合）	寿命 20 年／普及期 普及に向けて、更なる低コスト化を期待
需要家用	家庭用二次電池（HEMS[注]用途に統合）	寿命 5-10 年 10-25 万円/kWh／普及初期	寿命 15 年／普及初期（HEMS[注]用途に統合）	寿命 20 年／普及期 普及に向けて、更なる低コスト化を期待
需要家用	緊急時、災害対策用電源用二次電池	寿命 10 年 20-40 万円/kWh／普及初期		
需要家用	無線基地局・データセンター・バックアップ用二次電池		寿命 15 年／普及初期	寿命 20 年／普及期 普及に向けて、更なる低コスト化を期待

（注）CEMS=Community Energy Management System、FEMS=Factory Energy Management System、BEMS=Building Energy Management System、HEMS=Home Energy Management System

二次電池の課題

電池系の特徴と課題

※数値は現状水準で、システムでの値

- リチウムイオン電池：200 Wh/L、80 W/kg、100 W/kg コスト低減、安全性向上、温度特性改善、過充電耐性付与、リサイクル技術確立
- 鉛蓄電池：40 Wh/L、10 Wh/kg、30 W/kg 充放電効率向上、サイクル劣化抑制、低 SOC 状態での劣化抑制、集電体腐食抑制、メンテナンス性向上
- NiMH 電池：84 Wh/L、20 Wh/kg、100 W/kg コスト低減、充放電効率向上、自己放電抑制、温度特性改善、レアアースレス
- NAS 電池：160 Wh/L コスト低減、エネルギー効率向上、保温エネルギー低減、リサイクル技術の確立
- レドックスフロー電池：8.5 Wh/L 安全性向上、コスト低減、耐久性向上、エネルギー密度向上、補機用エネルギー低減、資源制約緩和、資源有効活用のメカニズム
- 革新電池：環境適合性向上、コスト低減、耐久性向上、計算科学×次高度解析技術を活用したポストリチウム等 安全性向上、レアメタル不使用 等

共通課題：PCS コスト低減、長時間バックアップ（24 時間以上）、V2H/V2G、二次利用、モジュール、標準化、残存性能把握、リサイクル等

ブレークスルー電池等

図 3・3 定置用二次電池ロードマップ

[出典] https://www.nedo.go.jp

　この出力重視形二次電池を搭載するHEV，PHEVはいずれも普及期というよりは成熟期といってよい状況にある．出力重視形電池は2030年以降ターゲットの記述がないが，これはHEVおよびPHEVが，本格的なEV化が加速すると思われる2030年ごろにはほぼその役割を終える（温室効果ガス削減への寄与が少ない）ことを意味するものと考えられる．

　一方，EV用と想定されるエネルギー密度重視形二次電池の2020年の状況は，こちらも出力（パワー）密度250 Wh/kg，1 500 W/kg，コスト約2万円/kW·h，サイクル寿命1 000〜1 500サイクルはいずれもほぼ達成されている．車両の諸元も，航続距離250〜350 km，搭載パック重量100〜140 kg，搭載パック容量25〜35 kW·hは，日産リーフの場合すでにこのターゲットを大幅に上回った数字を達成しており，むしろ2030年ごろのターゲット数字に近い．ただ残念ながら電池コストおよび車両コストはまだターゲットの1.5倍ほどのレベルにとどまっている．

　エネルギー密度重視形電池は，2030年およびそれ以降にもターゲットの数値が示されているが，下段の二次電池の技術課題の欄を参照すると，2030年ごろまでは主にリチウムイオン電池を対象とした課題が掲げられているのに対して，2030年以降はブレークスルーが必要，さらに将来的には革新電池の誕生を期待する記載がなされている．

　次に，定置用二次電池ロードマップについて検討してみよう．

　定置用二次電池の場合は検討の対象が，リチウムイオン電池だけでなく，鉛蓄電池，ニッケル水素電池，NAS電池，およびレドックスフロー電池のそれぞれについても年次ごとのターゲット数値の提示ならびに課題提起がなされている．

　それぞれの電池についてターゲットとしての数値が示されているが，ターゲットは主に寿命，安全性，そしてコストに関するものである．定置用電池の場合は電動車両用のような出力密度やエネルギー密度の高さはほとんど比較の対象とならず，システム建設の初期コストおよび少なくとも 10 年以上の安定的な稼働が保証されている蓄電システムが求められていることを意味している．

　将来的にはこの分野でも革新電池誕生の期待はあるものの，その期待度は自動車用二次電池への期待ほど高くはない．

　図 3・4 は，これらの二次電池の現状と将来への諸課題を前提とした，次世代電池の開発動向を概念的にまとめた図である．

　それぞれの革新的電池について簡単に触れておく．

　ナトリウムイオン電池はリチウム化合物の代わりにナトリウム化

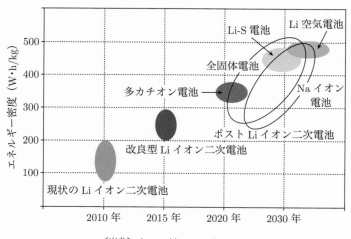

〔出典〕 https://www.nedo.go.jp

図 3・4　次世代電池の開発動向

合物を正極材料に使用するもので，動作原理はリチウムイオン電池と全く変わらない．ナトリウムは地球上に豊富に存在するため容量向上に加えて価格低減効果も期待されるが，結晶構造の安定性などに課題がある．

　金属負極電池は黒鉛の代わりに金属を負極に用いて容量密度を格段に向上させることを意図した電池である．理論的には金属リチウムが最も高い容量密度を達成できるが，安全性の課題の克服は極めて困難である．現在，カルシウム，マグネシウム，アルミニウムなどさまざまな金属負極の研究がなされているがそれぞれに課題がある．

　リチウム硫黄電池は正極に硫黄を，負極に金属リチウムを用いた電池である．硫黄がコバルト酸リチウムの10倍以上の理論容量を有し，資源も豊富なことから次世代電池としての期待は高いが，内部抵抗が高く期待どおりの容量向上はまだ実現できておらず，金属リチウム負極の安全性問題も内在する．

　金属空気電池は正極活物質として酸素を用い，亜鉛やアルミニウムなどの金属を負極とする燃料電池の一種である．空気中の酸素を活物質として取り込むため貯蔵タンクが不要で，小形軽量の電池が実現できる可能性があるが，研究はまだ初期段階である．

　これらの次世代電池の実現には，それぞれ解決しなければならない難題が山積しているが，近い将来にリチウムイオン電池誕生時と同様の革新的なブレークスルーが起こることを期待したい．

　また，上記のような電池の容量密度向上の諸研究のほかに，電池の構造革新として全固体電池の開発に複数の機関が鋭意取り組んでいる．全固体電池が実現できれば金属リチウムデンドライトの安全性問題も解決できる可能性があり，その成果にも期待したい．

　ただ，敢えて筆者の現時点の認識を申し上げると，これら革新電

池の実用化にはまだ十年以上の時間がかかると思われ，革新電池が実用化されるまでの間はまだまだリチウムイオン電池の天下が続きそうに思われる．

索　引

おわりに

　本稿執筆中にCOP26（第26回国連気候変動枠組条約締結国会議）が開催され，これに合わせて主要各国が2050年に向けた温室効果ガス削減目標を発表しました．

　やや腰が重かったわが国も，道筋は不透明ながら2050年までにカーボンニュートラルを達成する目標を表明，こうした各国の意思決定によって，世界一丸となった脱炭素社会実現の動きが今後大幅に加速してゆくことを期待したいと思います．

　脱炭素社会実現の具体的な施策の中では，再生可能エネルギー発電の大幅拡大と，化石燃料使用車両（自動車，ディーゼル車両および蒸気機関車など）の脱化石燃料化（すなわちEV化）は最も有効な対策です．

　そして，この二大施策実現のためには，二次電池，とりわけリチウムイオン電池はなくてはならないものであり，その果たすべき役割は計り知れません．リチウムイオン電池は今後少なくとも20〜30年は，カーボンニュートラルな社会実現の重要な担い手であり続けるものと筆者は信じております．

　1990年に，まさに晴天の霹靂ともいえる状況下で筆者が電池事業に関わることになってからおよそ30年余．この間に著名な業界の先駆者である，ジェフ・ダーン，マイケル・サッカレー，吉野彰，西美緒などの諸氏と直接に親しくお付き合いでき，貴重なご教示やご示唆を頂きました．加えて，資材メーカ，設備メーカ，さらには多くのグローバルな得意先などの幹部の皆様と，まさに友人のように親しくお付き合い頂き，さまざまな学びを得ることができました．

浅学菲才の筆者が何とか本書を書き上げることができたのは，このような多様なたくさんの皆様とのお付き合いの賜物と心から感謝致しております．

　本書執筆に当たり，さまざまな機関，企業のホームページを参照させて頂き，データおよび写真などを転載させて頂きました．個々の機関，企業のお名前は省略させて頂きますが，ここに記して感謝申し上げます．

　また，本書の出版に当たり，多大なご支援，ご協力を賜りました電気書院の内藤佳代子様，上武暁夫様に心から御礼を申し上げます．

　本書が，読者の皆様のリチウムイオン電池ご理解の一助となりましたら，筆者の望外の幸せです．

2021年9月　筆者記す

～～～ 著 者 略 歴 ～～～
関 勝男（せき かつお）

1968年	横浜国立大学工学部電気工学科卒業，NECに入社
1990年	Moli Energy (1990) に出向，同社取締役のち取締役社長
1996年	NEC復帰，電池事業推進本部長
2000年	NEC退職，NECモバイルエナジーに移籍，同社取締役のち代表取締役
2002年	NECモバイルエナジー清算に伴いNECトーキンに移籍 NECトーキン執行役員常務・営業本部長
2008年	NECトーキン退職 個人企業「ヴィックス」設立，同社代表として主に二次電池，太陽電池，レアメタルに関する執筆，講演，翻訳に従事

スッキリ！がってん！　リチウムイオン電池の本

2021年12月 6日　　第1版第1刷発行

| 著　者 | 関　　　勝　男 |
| 発 行 者 | 田　中　　　聡 |

発 行 所
株式会社 電気書院
ホームページ　www.denkishoin.co.jp
（振替口座　00190-5-18837）
〒101-0051　東京都千代田区神田神保町1-3 ミヤタビル2F
電話(03)5259-9160／FAX(03)5259-9162

印刷　中央精版印刷株式会社
Printed in Japan／ISBN978-4-485-60050-4

● 落丁・乱丁の際は，送料弊社負担にてお取り替えいたします．

専門書を読み解くための入門書

スッキリ!がってん!シリーズ

スッキリ!がってん! 無線通信の本

ISBN978-4-485-60020-7
B6判167ページ／阪田　史郎［著］
定価＝本体1,200円＋税（送料300円）

無線通信の研究が本格化して約150年を経た現在，無線通信は私たちの産業，社会や日常生活のすみずみにまで深く融け込んでいる．その無線通信の基本原理から主要技術の専門的な内容，将来展望を含めた応用までを包括的かつ体系的に把握できるようまとめた1冊．

スッキリ!がってん! 二次電池の本

ISBN978-4-485-60022-1
B6判136ページ／関　勝男［著］
定価＝本体1,200円＋税（送料300円）

二次電池がどのように構成され，どこに使用されているか，どれほど現代社会を支える礎になっているか，今後の社会の発展にどれほど寄与するポテンシャルを備えているか，といった観点から二次電池像をできるかぎり具体的に解説した，入門書．

専門書を読み解くための入門書

スッキリ！がってん！シリーズ

スッキリ！がってん！
雷の本

ISBN978-4-485-60021-4
B6判91ページ／乾　昭文 [著]
定価＝本体1,000円＋税（送料300円）

雷はどうやって発生するでしょう？　雷の発生やその通り道など基本的な雷の話から，種類と特徴など理工学の基礎的な内容までを解説しています．また，農作物に与える影響や雷エネルギーの利用など，雷の影響や今後の研究課題についてもふれています．

スッキリ！がってん！
感知器の本

ISBN978-4-485-60025-2
B6判173ページ／伊藤　尚・鈴木　和男 [著]
定価＝本体1,200円＋税（送料300円）

住宅火災による犠牲者が年々増加していることを受け，平成23年6月までに住宅用火災警報機（感知器の仲間です）を設置する事が義務付けられました．身近になった感知器の種類，原理，構造だけでなく火災や消火に関する知識も習得できます．

書籍の正誤について

万一，内容に誤りと思われる箇所がございましたら，以下の方法でご確認いただきますよう
お願いいたします．

なお，正誤のお問合せ以外の書籍の内容に関する解説や受験指導などは**行っておりません**．
このようなお問合せにつきましては，お答えいたしかねますので，予めご了承ください．

正誤表の確認方法

最新の正誤表は，弊社Webページに掲載しております．
「キーワード検索」などを用いて，書籍詳細ページをご
覧ください．

正誤表があるものに関しましては，書影の下の方に正誤
表をダウンロードできるリンクが表示されます．表示さ
れないものに関しましては，正誤表がございません．

弊社Webページアドレス
https://www.denkishoin.co.jp/

正誤のお問合せ方法

正誤表がない場合，あるいは当該箇所が掲載されていない場合は，書名，版刷，発行年月
日，お客様のお名前，ご連絡先を明記の上，具体的な記載場所とお問合せの内容を添えて，
下記のいずれかの方法でお問合せください．
回答まで，時間がかかる場合もございますので，予めご了承ください．

郵便で 問い合わせる	郵送先	〒101-0051 東京都千代田区神田神保町1-3 ミヤタビル2F ㈱電気書院　出版部　正誤問合せ係
FAXで 問い合わせる	ファクス番号	**03-5259-9162**
ネットで 問い合わせる		弊社Webページ右上の「**お問い合わせ**」から **https://www.denkishoin.co.jp/**

お電話でのお問合せは，承れません

（2021年1月現在）